Ursula Lassert

Natur um uns herum
Das Wetter

Kopiervorlagen zur Freiarbeit

Sachunterricht 3.–6. Jahrgangsstufe

LA Verlag Ludwig Auer Donauwörth

Gedruckt auf umweltbewußt gefertigtem, chlorfrei gebleichtem
und alterungsbeständigem Papier.

1. Auflage. 1995

Zeichnungen: Ursula Lassert
Gesamtherstellung: Ludwig Auer GmbH, Donauwörth
ISBN 3-403-0**2594**-2

Inhalt

Vorwort

Thema der vorliegenden Blätter ist das Wetter, eine Naturerscheinung, mit der wir und auch die Kinder täglich konfrontiert werden. Das Wetter bestimmt weitgehend mit, was wir anziehen, wie wir unsere Zeit verbringen können: im Freien spazierengehen und spielen, am Strand baden, Rollschuhlaufen oder lieber zu Hause bleiben und lesen oder fernsehen etc.

Mit Hilfe dieser Arbeitsblätter werden die Kinder manches über das Wetter erfahren. Sie erlangen neue Erkenntnisse und bekommen Einblicke in wichtige Ereignisse und Zusammenhänge. Sie lernen Gefahren für die Menschen und unsere Umwelt kennen, die aus einem falschen Umgang mit der Natur entstehen.

Ziel dieses Buches ist, den Kindern bewußt zu machen, daß die Natur ein kostbares und schützenswertes Gut ist, mit dem man behutsam umgehen muß. Die Kinder sollen Freude, Interesse und Bewunderung für die Naturphänomene empfinden lernen.

Das Buch beginnt mit einem Titelblatt, das später das Deckblatt zu dem von dem Kind hergestellten Wetter-Buch wird. Es rundet die Beschäftigung mit diesem Thema ab. Das Kind sieht das Ergebnis seiner Arbeit vor sich. Es hält ein abgeschlossenes, selbsthergestelltes Werk in seinen Händen. Natürlich kann es dieses Thema auch im Laufe der folgenden Wochen und Monate erweitern und durch zusätzliche Blätter ergänzen.

Das Arbeitsmaterial ist für die Freiarbeit gedacht, kann aber auch zur Ergänzung anderer Arbeitsformen und Unterrichtsmaterialien genommen werden.

Die beiliegenden Kontrollblätter ermöglichen ein selbständiges Arbeiten. Es genügt, wenn zwei oder drei Exemplare – möglichst auf andersfarbigem Papier kopiert – in der Klasse ausliegen. Tempo und Umfang des Lernstoffes bestimmen die einzelnen Schüler selbst. Der Lehrer berät und unterstützt nur.

Die Blätter haben verschiedene Schwierigkeitsgrade. Sie sind einsetzbar von Klasse 3 bis 6, wobei die Entscheidung, was für welche Jahrgangsstufe eingesetzt werden kann, dem Lehrer überlassen bleibt. Er kann die Leistungsfähigkeit seiner Schüler am besten einschätzen.

Auf unterschiedliche Art und Weise können die Kinder ihr Wissen vertiefen: Durch Rätsel, Lesen von Texten, Füllen von Lückentexten, Sammeln und Aufschreiben von Versuchsergebnissen, Bastel- und Malaufgaben, kreativen Schreibaufgaben und Arbeitsaufträgen, die aus der Schule hinausführen. Die Arbeitsblätter regen an zu Besuchen in Museen, Büchereien, in die Natur, zur Kontaktaufnahme mit Menschen außerhalb der Schule. Sie geben Hinweise und Anregungen, sich Wissen auf verschiedenen Wegen selbst zu erarbeiten.

Bedeutsame Sachverhalte und aktuelle Probleme werden angesprochen, wodurch die Kinder erkennen, wie sich das Handeln des Menschen auf die Natur auswirkt. Sprachliche und musische Fähigkeiten werden erweitert durch Erzählen, Lesen, Zuordnen von Text und Bild, schriftliches Fixieren, Erweiterung des Wortschatzes, Malen, Basteln ...

Wie in den Richtlinien für den Sachunterricht in der Grundschule gefordert, werden Anregungen gegeben, wie sich die Kinder neue Sachverhalte selbständig erschließen können. Sie werden ermuntert, Nachschlagewerke zu benutzen, verschiedene Geräte und Materialien zu erproben. Diese Techniken müssen allerdings gut geübt werden, bevor sie der Lehrer/die Lehrerin in der Freiarbeit anbietet.

Wie in den Richtlinien gewünscht, werden die verschiedenen Formen des Handelns beachtet:

a) die entdeckenden Formen des Handelns durch Beobachtungen und Versuche
b) die dialogischen Formen des Handelns durch Kommunikation mit anderen Menschen
c) die gestaltenden Formen des Handelns durch die Anregungen zum Erstellen schöner Dinge wie Malen, Basteln und Schreiben
d) die verstehende Form des Handelns durch Einordnen, Vergleichen und Zusammenfassen von Beobachtetem und Versuchsergebnissen
e) die festigenden Formen des Handelns durch Üben, Einprägen und schriftliche Fixierung von neuen Begriffen und Erkenntnissen.

Dieses
Wetter-
buch
gehört

1. Wie entsteht das Wetter?

Wetter gibt es überall. Wer aber das Wetter macht, das verrät dir das folgende Rätsel.

1. Wenn du die Buchstaben richtig zusammensetzt, findest du die Namen der drei großen „Wettermacher“.

Es sind _______________, _______________ und _______________.

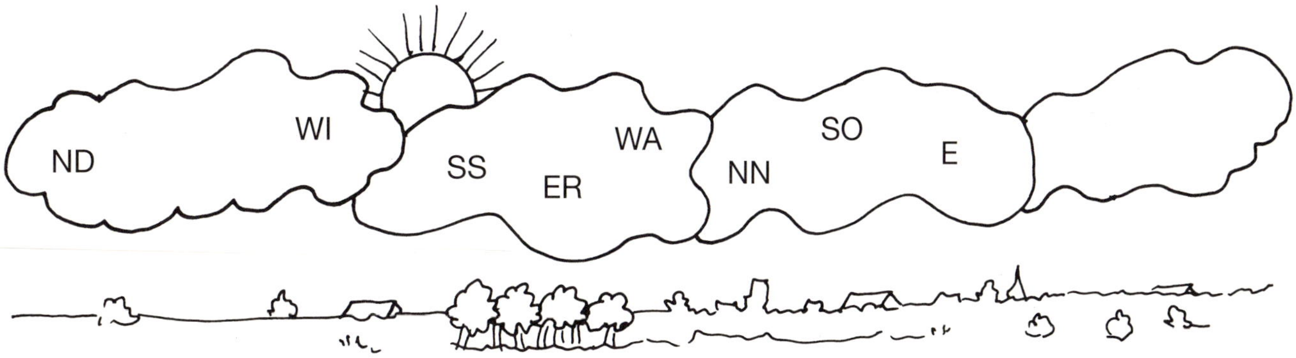

Durch das Zusammenwirken dieser drei Kräfte wird die Sonnenenergie über die Erde verteilt. Durch sie werden Wolken gebildet und verteilt.

Das Wetter bestimmt die Landschaft und das Leben darin. Nicht alle Pflanzen und Tiere können überall leben. So kann z. B. der Pinguin nicht in der Wüste leben, der Löwe nicht am Nordpol.

2. Schreibe auf, wo die folgenden Tiere leben! Vielleicht findest du noch mehr Tiere, die du dazuschreiben kannst.

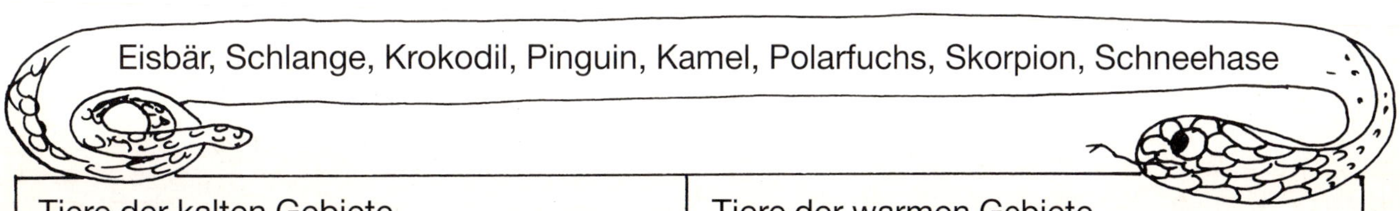

Tiere der kalten Gebiete	Tiere der warmen Gebiete

3. Suche Fotos von diesen Tieren! Klebe sie in dieses Buch, oder zeichne ein schönes Bild, das du hier einheften kannst!

1. Wie entsteht das Wetter? · Kontrollblatt

Wetter gibt es überall. Wer aber das Wetter macht, das verrät dir das folgende Rätsel.

1. Wenn du die Buchstaben richtig zusammensetzt, findest du die Namen der drei großen „Wettermacher“.

Es sind *Wind*, *Wasser* und *Sonne*.

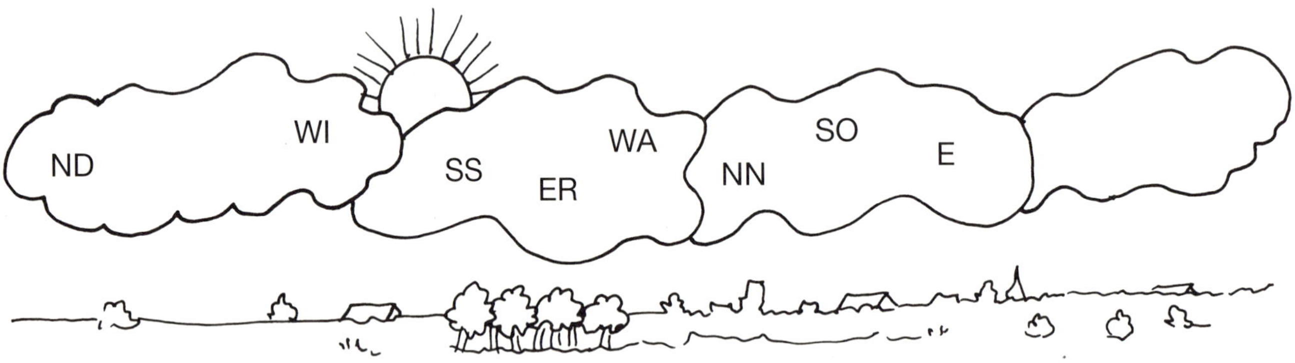

Durch das Zusammenwirken dieser drei Kräfte wird die Sonnenenergie über die Erde verteilt. Durch sie werden Wolken gebildet und verteilt.

Das Wetter bestimmt die Landschaft und das Leben darin. Nicht alle Pflanzen und Tiere können überall leben. So kann z. B. der Pinguin nicht in der Wüste leben, der Löwe nicht am Nordpol.

2. Schreibe auf, wo die folgenden Tiere leben! Vielleicht findest du noch mehr Tiere, die du dazuschreiben kannst.

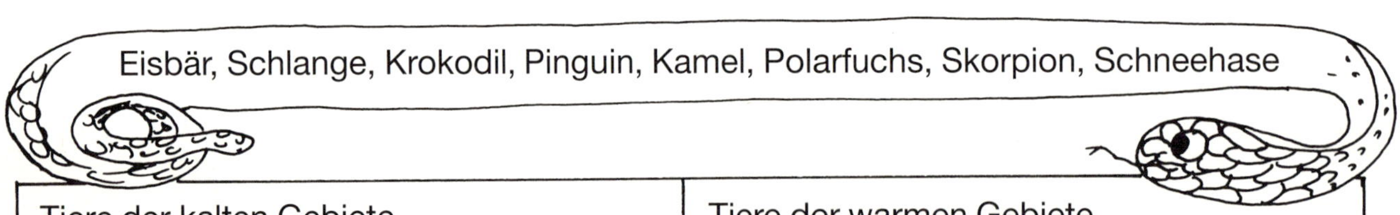

Tiere der kalten Gebiete	Tiere der warmen Gebiete
Eisbär *Pinguin* *Polarfuchs* *Schneehase*	*Schlange* *Krokodil* *Kamel* *Skorpion*

3. Suche Fotos von diesen Tieren! Klebe sie in dieses Buch, oder zeichne ein schönes Bild, das du hier einheften kannst!

2. Der Mensch und das Wetter

Das Wetter bestimmt unser Leben. Von ihm hängt es ab, was wir anziehen, und oft auch, was wir essen oder tun. So schmecken Eis und kühle Limonade am besten an einem warmen Sommertag. Ob wir draußen spielen, baden oder wandern können, hängt ebenfalls vom Wetter ab. Das Wetter bestimmt, ob wir Mäntel und Jacken oder kurze Hosen und dünne Blusen tragen. Die Wüstenbewohner tragen z. B. lange helle Umhänge, die Eskimos dicke Mützen und Felljacken.

Das Wetter bestimmt die **Lebensweise** und auch die **Bauweise** der Völker. Der Mensch ist das einzige Lebewesen, das überall auf der Welt leben kann. Denn er kann sich die entsprechenden Behausungen bauen, um sich vor dem Wetter zu schützen.

1. Wenn du die folgenden Silben richtig zusammensetzt, findest du sechs verschiedene Wohnmöglichkeiten. Suche in anderen Büchern nach weiteren Möglichkeiten, zu wohnen!

2. Was meinst du?
Bei welchem Wetter fühlen sich Menschen und Tiere am wohlsten? Kreuze an!

a) Bei Wetter, das sie gewohnt sind. ☐ b) Bei ungewohntem Wetter. ☐

3. Ergänze!

Fahren Menschen in eine fremde Gegend, brauchen sie ein paar Tage, um sich an das neue Klima, an die neue Wetterlage, zu gewöhnen. Das nennt man

_ _ _ _ _ _ _ _ _ _ _ _ _ _ _ _ _ _ _ _

2. Der Mensch und das Wetter · Kontrollblatt

Das Wetter bestimmt unser Leben. Von ihm hängt es ab, was wir anziehen, und oft auch, was wir essen oder tun. So schmecken Eis und kühle Limonade am besten an einem warmen Sommertag. Ob wir draußen spielen, baden oder wandern können, hängt ebenfalls vom Wetter ab. Das Wetter bestimmt, ob wir Mäntel und Jacken oder kurze Hosen und dünne Blusen tragen. Die Wüstenbewohner tragen z. B. lange helle Umhänge, die Eskimos dicke Mützen und Felljacken.

Das Wetter bestimmt die **Lebensweise** und auch die **Bauweise** der Völker. Der Mensch ist das einzige Lebewesen, das überall auf der Welt leben kann. Denn er kann sich die entsprechenden Behausungen bauen, um sich vor dem Wetter zu schützen.

1. Wenn du die folgenden Silben richtig zusammensetzt, findest du sechs verschiedene Wohnmöglichkeiten. Suche in anderen Büchern nach weiteren Möglichkeiten, zu wohnen!

Holzhäuser, Iglus, Lehmhütten, Steinhäuser, Strohhütten, Zelte;

2. Was meinst du?
   Bei welchem Wetter fühlen sich Menschen und Tiere am wohlsten? Kreuze an!

a) Bei Wetter, das sie gewohnt sind. ☒ b) Bei ungewohntem Wetter. ☐

3. Ergänze!

Fahren Menschen in eine fremde Gegend, brauchen sie ein paar Tage, um sich an das neue Klima, an die neue Wetterlage, zu gewöhnen. Das nennt man

S I C H A K K L I M A T I S I E R E N

3. Die großen Klimazonen der Erde I

1. Das Rätsel verrät dir den Namen für die Gesamterscheinung des Wetters, das in einer Gegend üblich ist.

1 künstlicher Fluß

2 Gegenteil von *rechts*

3 Land, das von Wasser umgeben ist.

4 Januar ist der erste ???

5 Gegenteil von *Morgen*

	▼				
1 →					
2 →					
3 →					
4 →					
5 →					

Das in einer bestimmten Gegend übliche Wetter nennt man _ _ _ _ _.

2. Male an (1 = grün, 3 = gelb)!

Es gibt drei große Klimabereiche auf der Erde:

① Gebiete mit **gemäßigtem** Klima

② Gebiete mit **polarem** Klima

③ Gebiete mit **tropischem** Klima.

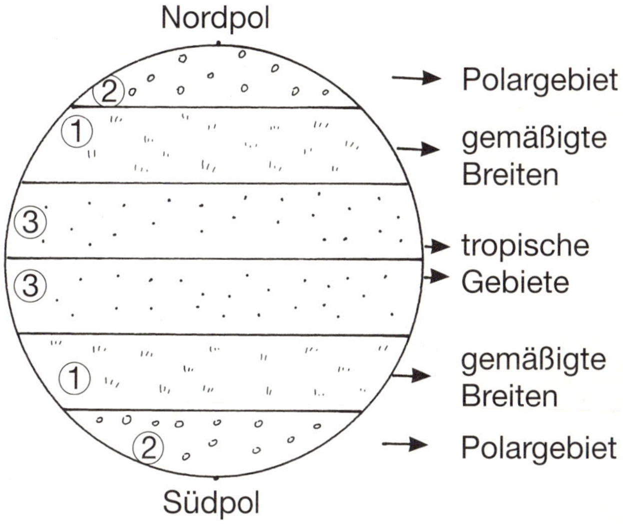

3. Ergänze die fehlenden Wörter (tropische, gemäßigtes, polare)!

a) Hier bei uns in Europa haben wir ein ____________________ Klima. Es ist weder zu warm noch zu kalt. Frühling und Herbst sind angenehme Zeiten, der Winter mild, der Sommer warm.

b) An den Polen gibt es das ____________________ Klima. Hier ist es immer eiskalt. Es regnet nicht, es schneit.

c) Am Äquator gibt es das ____________________ Klima. Hier ist es immer heiß und feucht. Es regnet sehr viel.

3. Die großen Klimazonen der Erde I · Kontrollblatt

1. Das Rätsel verrät dir den Namen für die Gesamterscheinung des Wetters, das in einer Gegend üblich ist.

1 künstlicher Fluß

2 Gegenteil von *rechts*

3 Land, das von Wasser umgeben ist.

4 Januar ist der erste ???

5 Gegenteil von *Morgen*

	▼				
1 →	*K*	*A*	*N*	*A*	*L*
2 →	*L*	*I*	*N*	*K*	*S*
3 →	*I*	*N*	*S*	*E*	*L*
4 →	*M*	*O*	*N*	*A*	*T*
5 →	*A*	*B*	*E*	*N*	*D*

Das in einer bestimmten Gegend übliche Wetter nennt man *K L I M A*.

2. Male an (1 = grün, 3 = gelb)!

Es gibt drei große Klimabereiche auf der Erde:

① Gebiete mit **gemäßigtem** Klima

② Gebiete mit **polarem** Klima

③ Gebiete mit **tropischem** Klima.

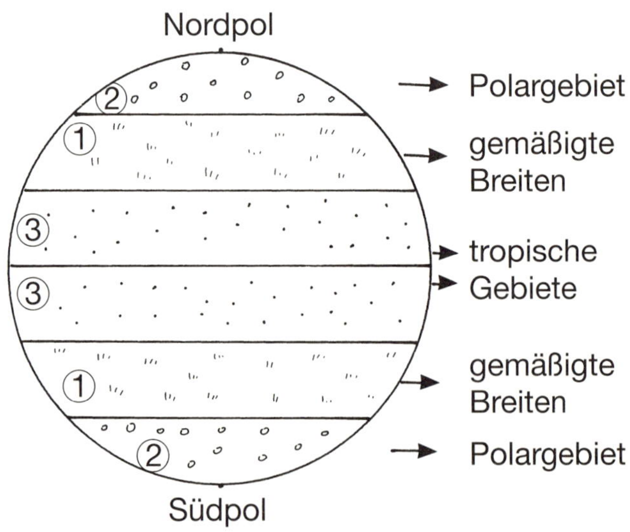

3. Ergänze die fehlenden Wörter (tropische, gemäßigtes, polare)!

a) Hier bei uns in Europa haben wir ein *gemäßigtes* Klima. Es ist weder zu warm noch zu kalt. Frühling und Herbst sind angenehme Zeiten, der Winter mild, der Sommer warm.

b) An den Polen gibt es das *polare* Klima. Hier ist es immer eiskalt. Es regnet nicht, es schneit.

c) Am Äquator gibt es das *tropische* Klima. Hier ist es immer heiß und feucht. Es regnet sehr viel.

4. Die großen Klimazonen der Erde II

1. Schau dir die Bilder genau an! Schreibe darunter, ob es sich um ein gemäßigtes, ein tropisches oder ein polares Gebiet handelt!

a) t ______________________________

____

____

Außer diesen sehr weitreichenden Klimazonen gibt es auch viele kleine. Eine kleine Klimazone ist z. B. eine Straße, durch die immer ein kalter Wind weht, oder ein sonniges Tal, in dem es wärmer ist als in den Nachbartälern, oder sogar ein Blumenbeet, das windgeschützt hinter einer sonnenbeschienenen Mauer liegt.

2. Sammle Fotos von den verschiedenen Klimagebieten der Erde, und klebe sie auf!

4. Die großen Klimazonen der Erde II · Kontrollblatt

1. Schau dir die Bilder genau an! Schreibe darunter, ob es sich um ein gemäßigtes, ein tropisches oder ein polares Gebiet handelt!

a) tropisches Gebiet, b) gemäßigtes Gebiet, c) tropisches Gebiet, d) polares Gebiet,

e) gemäßigtes Gebiet, f) polares Gebiet;

Außer diesen sehr weitreichenden Klimazonen gibt es auch viele kleine. Eine kleine Klimazone ist z. B. eine Straße, durch die immer ein kalter Wind weht, oder ein sonniges Tal, in dem es wärmer ist als in den Nachbartälern, oder sogar ein Blumenbeet, das windgeschützt hinter einer sonnenbeschienenen Mauer liegt.

2. Sammle Fotos von den verschiedenen Klimagebieten der Erde, und klebe sie auf!

5. Eine schützende Luftdecke

Die ganze Erde ist von einer riesigen Lufthülle umgeben, die die Erde wie eine schützende Decke umschließt.

1. Wenn du das Rätsel löst, weißt du, wie sie heißt. Gehe dabei vor, wie angegeben ist! Streiche in den einzelnen Antworten entweder Buchstaben durch, oder tausche sie aus! Die übriggebliebenen und ausgetauschten Buchstaben ergeben das Lösungswort.

~~1~~ ~~2~~ ~~5~~

_ _ _ _ _

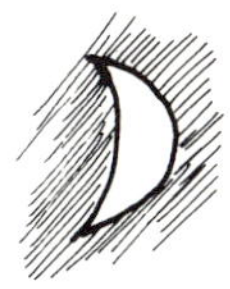

3 = S
4 = P

_ _ _ _

? 2 = Ä
~~3~~

_ _ _ _ _

Sie heißt _ _ _ _ _ _ _ _ _ _.

2. Ergänze die Verben (Tätigkeitswörter)!

sehen, ist, bewegt, atmen, spüren und hören

Sie ______________ eine Mischung aus den farblosen Gasen Sauerstoff und Stickstoff. Wenn sie sich ________________, nennen wir sie Wind. Dann können wir sie ________________ ______________ ________________, wenn z. B. die Blätter rascheln. Wir nehmen sie in uns auf, denn wir ________________ sie ein und aus. Aber wir können sie nicht ________________, sondern nur durch sie hindurchschauen. Dennoch ist sie da.

3. Versuche, ein umgedrehtes Glas senkrecht nach unten in Wasser zu drücken! Das Wasser kann nicht in das Glas gelangen. Denn dort ist schon etwas drin, nämlich Luft.

4. Was geschieht, wenn du das Glas etwas zur Seite kippst?

____

____

____

5. Eine schützende Luftdecke · Kontrollblatt

Die ganze Erde ist von einer riesigen Lufthülle umgeben, die die Erde wie eine schützende Decke umschließt.

1. Wenn du das Rätsel löst, weißt du, wie sie heißt. Gehe dabei vor, wie angegeben ist! Streiche in den einzelnen Antworten entweder Buchstaben durch, oder tausche sie aus! Die übriggebliebenen und ausgetauschten Buchstaben ergeben das Lösungswort.

~~1~~
~~2~~
~~5~~

3 = S
4 = P

? 2 = Ä
~~3~~

~~B~~ ~~L~~ A T ~~T~~ — M O N D — H A ~~A~~ R E

Sie heißt *A T M O S P H Ä R E*.

2. Ergänze die Verben (Tätigkeitswörter)!

sehen, ist, bewegt, atmen, spüren und hören

Sie *ist* eine Mischung aus den farblosen Gasen Sauerstoff und Stickstoff. Wenn sie sich *bewegt*, nennen wir sie Wind. Dann können wir sie *spüren* *und* *hören*, wenn z. B. die Blätter rascheln. Wir nehmen sie in uns auf, denn wir *atmen* sie ein und aus. Aber wir können sie nicht *sehen*, sondern nur durch sie hindurchschauen. Dennoch ist sie da.

3. Versuche, ein umgedrehtes Glas senkrecht nach unten in Wasser zu drücken! Das Wasser kann nicht in das Glas gelangen. Denn dort ist schon etwas drin, nämlich Luft.

4. Was geschieht, wenn du das Glas etwas zur Seite kippst?

Mit einem glucksenden Laut entweicht eine große Luftblase. Nun hat mehr Wasser in dem Glas Platz.

6. Die Luft

Wir brauchen keine Angst zu haben, daß die Luft plötzlich davonfliegt. Die Anziehungskraft der Erde hält sie fest. Außerdem hat die Luft selbst ein Gewicht.

Dieses Gewicht drückt auf die Erde und auf uns. Ein Quadratzentimeter hat einen Luftdruck von einem Kilogramm. Es ist schon eigenartig zu wissen, daß auf jedem von uns eine viele Kilometer dicke Luftdecke liegt, nicht wahr?

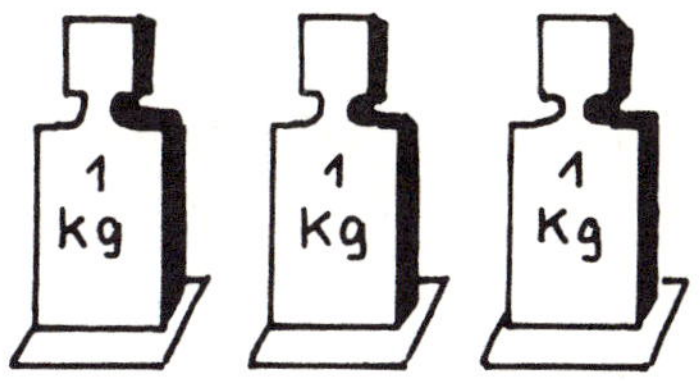

Dennoch spüren wir den Druck dieser Luftdecke nicht. Denn der Druck in unserem Körper, der Innendruck, ist genauso groß wie der der Luft. Die Luft drängt von außen gegen unseren Körper, und unser Körper drückt im selben Maß gegen die Luft.

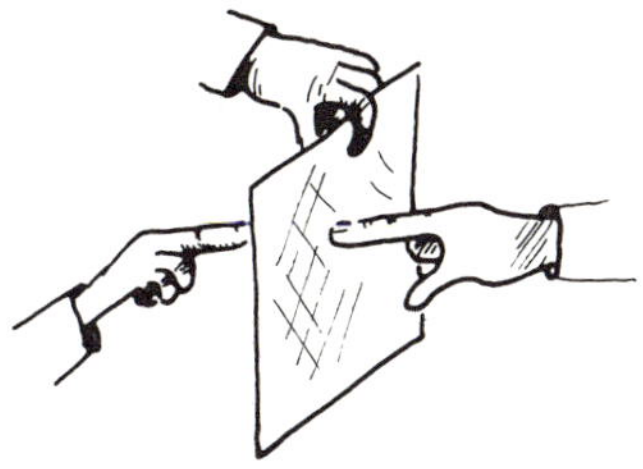

Das ist, als ob du z. B. von zwei Seiten mit einem Finger gegen ein Blatt Papier drückst. Es passiert nichts. Aber wenn du nur von einer Seite drückst, weicht das Blatt zurück.

Der Luftdruck ändert sich ständig. Bei schönem Wetter steigt er, bei schlechtem Wetter fällt er. Wenn du wissen willst, wie hoch der Luftdruck in diesem Moment ist, brauchst du nur auf das richtige Meßgerät zu schauen, auf ein Barometer. Früher hat man den Luftdruck in Millibar gemessen, heute in Hektopascal.
1 Hektopascal (hPa) = 1 Millibar (mbar).

Löse das Rätsel mit Hilfe des Textes! Schreibe in Großbuchstaben!

1 Wie heißt die Kraft, die das Davonfliegen der Luft verhindert?
2 Spüren wir den großen Druck der Luft auf unserem Körper?
3 Auf welchem Gerät kann ich den Luftdruck ablesen?
4 Wie heißt die alte Meßeinheit für den Luftdruck?
5 Wie lautet die Abkürzung für Hektopascal?

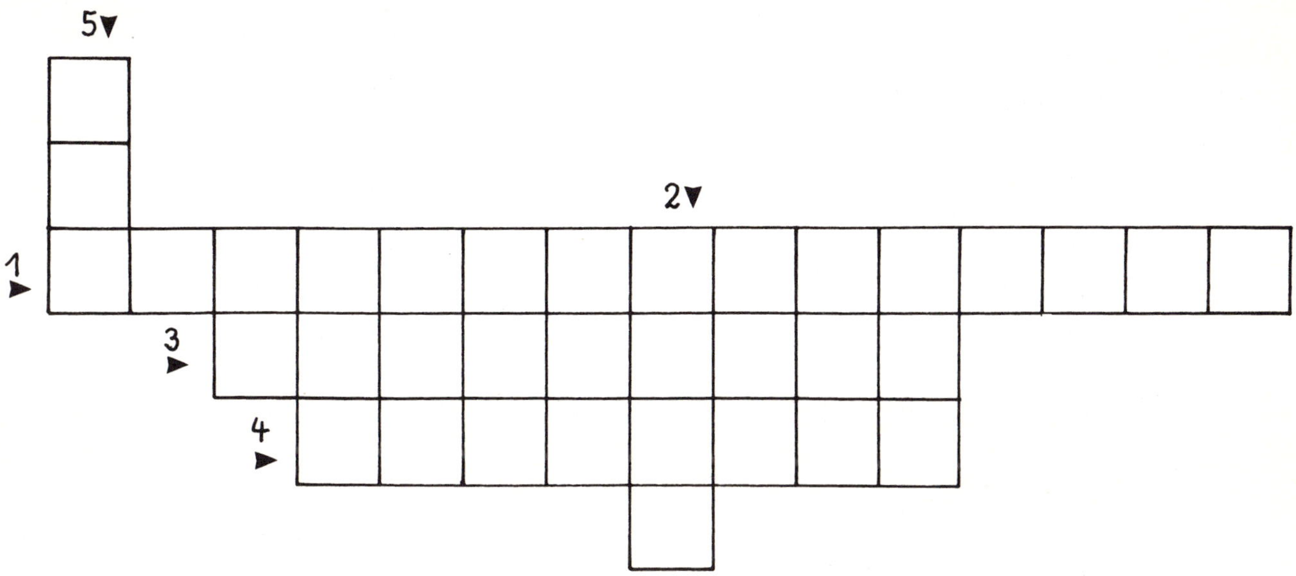

6. Die Luft · Kontrollblatt

Wir brauchen keine Angst zu haben, daß die Luft plötzlich davonfliegt. Die Anziehungskraft der Erde hält sie fest. Außerdem hat die Luft selbst ein Gewicht.

Dieses Gewicht drückt auf die Erde und auf uns. Ein Quadratzentimeter hat einen Luftdruck von einem Kilogramm. Es ist schon eigenartig zu wissen, daß auf jedem von uns eine viele Kilometer dicke Luftdecke liegt, nicht wahr?

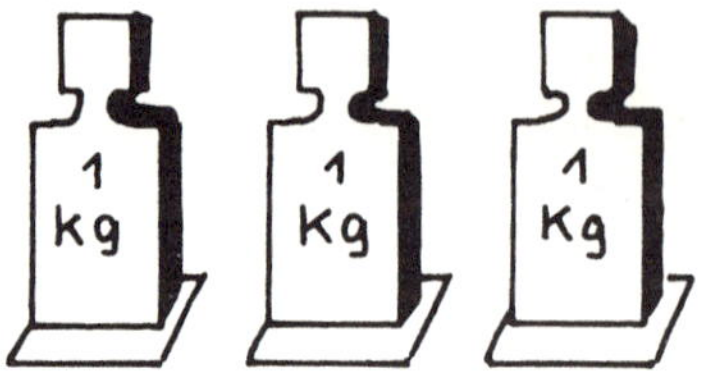

Dennoch spüren wir den Druck dieser Luftdecke nicht. Denn der Druck in unserem Körper, der Innendruck, ist genauso groß wie der der Luft. Die Luft drängt von außen gegen unseren Körper, und unser Körper drückt im selben Maß gegen die Luft.

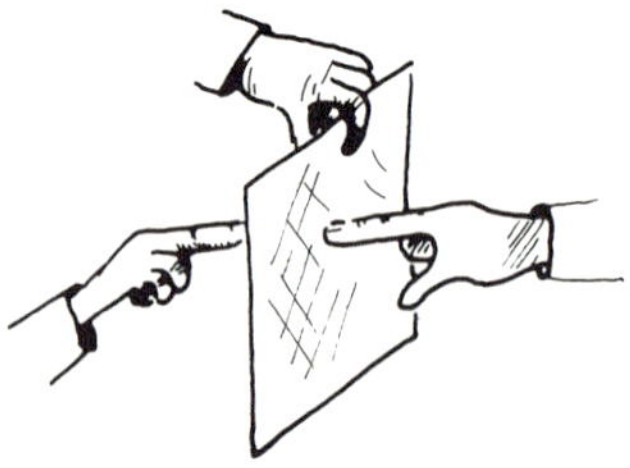

Das ist, als ob du z. B. von zwei Seiten mit einem Finger gegen ein Blatt Papier drückst. Es passiert nichts. Aber wenn du nur von einer Seite drückst, weicht das Blatt zurück.

Der Luftdruck ändert sich ständig. Bei schönem Wetter steigt er, bei schlechtem Wetter fällt er. Wenn du wissen willst, wie hoch der Luftdruck in diesem Moment ist, brauchst du nur auf das richtige Meßgerät zu schauen, auf ein Barometer. Früher hat man den Luftdruck in Millibar gemessen, heute in Hektopascal.
1 Hektopascal (hPa) = 1 Millibar (mbar).

Löse das Rätsel mit Hilfe des Textes! Schreibe in Großbuchstaben!

1 Wie heißt die Kraft, die das Davonfliegen der Luft verhindert?
2 Spüren wir den großen Druck der Luft auf unserem Körper?
3 Auf welchem Gerät kann ich den Luftdruck ablesen?
4 Wie heißt die alte Meßeinheit für den Luftdruck?
5 Wie lautet die Abkürzung für Hektopascal?

	5▼														
	H														
	P							2▼							
1►	A	N	Z	I	E	H	U	N	G	S	K	R	A	F	T
		3►	B	A	R	O	M	E	T	E	R				
			4►	M	I	L	L	I	B	A	R				
								N							

7. Der Luftdruck

Der Luftdruck ändert sich sehr oft. Das geschieht immer dann, wenn kalte und warme Luftmassen aufeinanderprallen. Diese beiden Luftmassen vermischen sich nicht, sondern es entsteht eine Wetterfront. Das kann eine Kaltfront oder eine Warmfront sein.

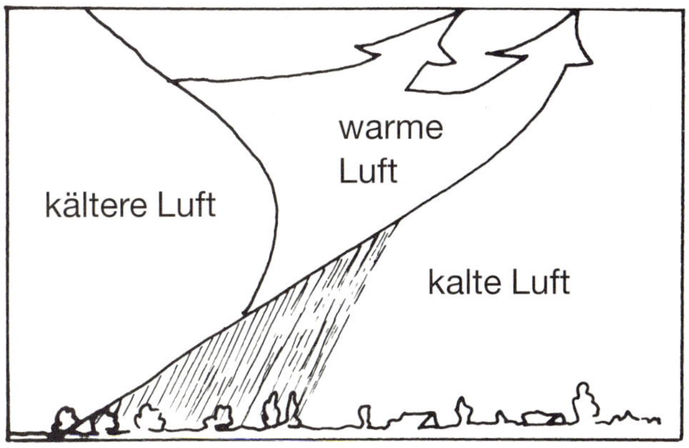

Bei einem solchen Zusammenprall steigt die warme Luft hoch. Denn sie ist leichter als kalte Luft. Dann bilden sich Wolken, und es kann zu Regen kommen.

1. Falsch oder richtig? Ergänze f oder r!

a) Der Luftdruck ändert sich ganz selten. ____

b) Warme Luft ist leichter als kalte Luft. ____

c) Warme und kalte Luft vermischen sich, wenn sie aufeinanderstoßen. ____

d) Wenn warme Luft aufsteigt, bilden sich Wolken. ____

Auf der Wetterkarte sind die Orte, die denselben Luftdruck haben, durch eine Linie miteinander verbunden. Je näher sie zusammenliegen, desto heftiger weht der Wind.

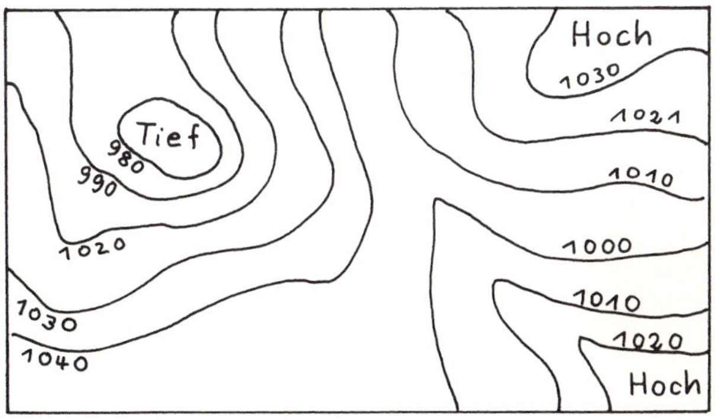

2. Wenn du die Buchstaben der Größe ihrer Kreise nach ordnest, weißt du den Namen dieser Linien. Beginne mit dem kleinsten Kreis!

Diese Linien nennt man _ _ _ _ _ _ _.

7. Der Luftdruck · Kontrollblatt

Der Luftdruck ändert sich sehr oft. Das geschieht immer dann, wenn kalte und warme Luftmassen aufeinanderprallen. Diese beiden Luftmassen vermischen sich nicht, sondern es entsteht eine Wetterfront. Das kann eine Kaltfront oder eine Warmfront sein.

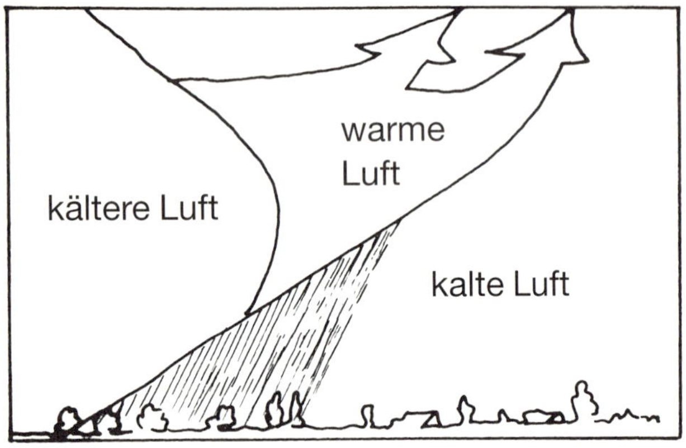

Bei einem solchen Zusammenprall steigt die warme Luft hoch. Denn sie ist leichter als kalte Luft. Dann bilden sich Wolken, und es kann zu Regen kommen.

1. Falsch oder richtig? Ergänze f oder r!

a) Der Luftdruck ändert sich ganz selten. f

b) Warme Luft ist leichter als kalte Luft. r

c) Warme und kalte Luft vermischen sich, wenn sie aufeinanderstoßen. f

d) Wenn warme Luft aufsteigt, bilden sich Wolken. r

Auf der Wetterkarte sind die Orte, die denselben Luftdruck haben, durch eine Linie miteinander verbunden. Je näher sie zusammenliegen, desto heftiger weht der Wind.

2. Wenn du die Buchstaben der Größe ihrer Kreise nach ordnest, weißt du den Namen dieser Linien. Beginne mit dem kleinsten Kreis!

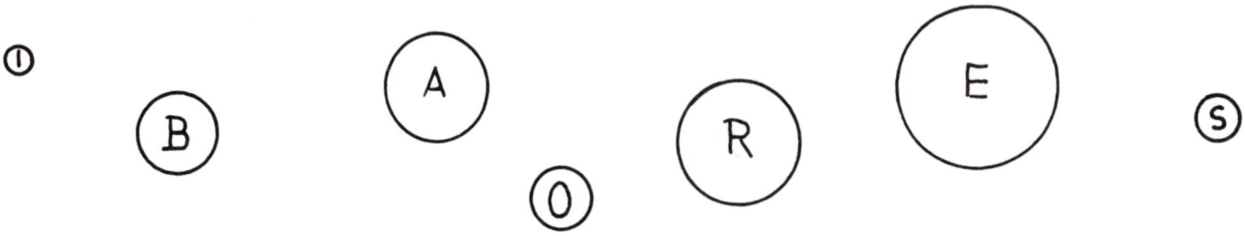

Diese Linien nennt man I S O B A R E.

8. Der Kreislauf des Wassers

Auf der Erde gibt es immer gleich viel Wasser. Es ist in ständiger Bewegung. Wasser befindet sich in einem nie endenden Kreislauf. Der Motor, der diesen Kreislauf in Gang hält, ist die **Sonne.**

1. Male die Pfeile blau an!

Die Sonne wärmt das Wasser auf der Oberfläche der Meere, Seen und Pflanzen. Dieses Wasser verdunstet, bildet Wolken, aus denen dann wieder Wasser in Form von Regen, Schnee oder Hagel auf die Erde fällt. Hier fließt es zum Teil oberirdisch in Bächen und Flüssen wieder ins Meer, oder es sickert in den Boden und fließt dort unterirdisch als Grundwasser langsam dem Meer zu.

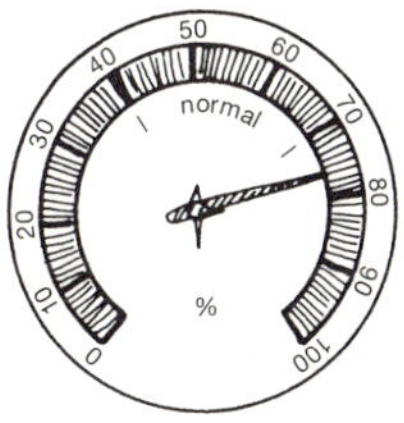

Die Luft enthält **immer** Wasserdampf – mal mehr, mal weniger. Es gibt ein Gerät, an dem du die Höhe der Luftfeuchtigkeit genau ablesen kannst. Man nennt es Hygrometer. Die Luftfeuchtigkeit wird in (%) gemessen. Auf dem abgebildeten Hygrometer beträgt die Luftfeuchtigkeit 76%.

2. Wie hoch ist sie auf den folgenden Luftfeuchtigkeitsmessern?

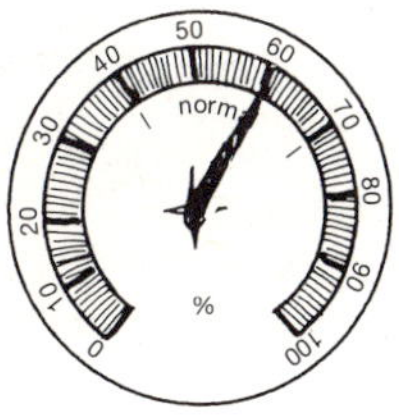
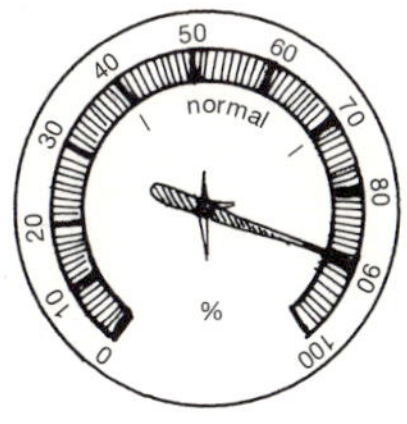

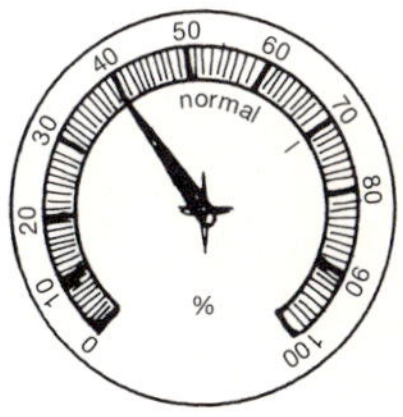

a) ______ %   b) ______ %   c) ______ %

Auch an einem Haar oder an einem Tannenzapfen kannst du erkennen, ob die Luft feuchter geworden ist. Das Haar zieht sich bei Trockenheit zusammen, bei Feuchtigkeit wird es länger.

3. Beobachte einen Tannenzapfen! Was siehst du?

____

____

8. Der Kreislauf des Wassers · Kontrollblatt

Auf der Erde gibt es immer gleich viel Wasser. Es ist in ständiger Bewegung. Wasser befindet sich in einem nie endenden Kreislauf. Der Motor, der diesen Kreislauf in Gang hält, ist die **Sonne.**

1. Male die Pfeile blau an!

Die Sonne wärmt das Wasser auf der Oberfläche der Meere, Seen und Pflanzen. Dieses Wasser verdunstet, bildet Wolken, aus denen dann wieder Wasser in Form von Regen, Schnee oder Hagel auf die Erde fällt. Hier fließt es zum Teil oberirdisch in Bächen und Flüssen wieder ins Meer, oder es sickert in den Boden und fließt dort unterirdisch als Grundwasser langsam dem Meer zu.

Die Luft enthält **immer** Wasserdampf – mal mehr, mal weniger. Es gibt ein Gerät, an dem du die Höhe der Luftfeuchtigkeit genau ablesen kannst. Man nennt es Hygrometer. Die Luftfeuchtigkeit wird in (%) gemessen. Auf dem abgebildeten Hygrometer beträgt die Luftfeuchtigkeit 76%.

2. Wie hoch ist sie auf den folgenden Luftfeuchtigkeitsmessern?

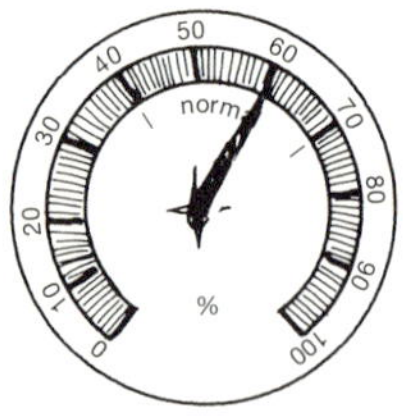

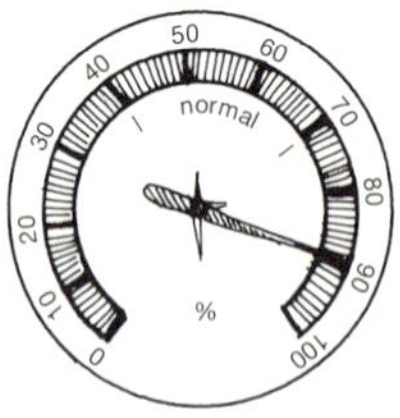

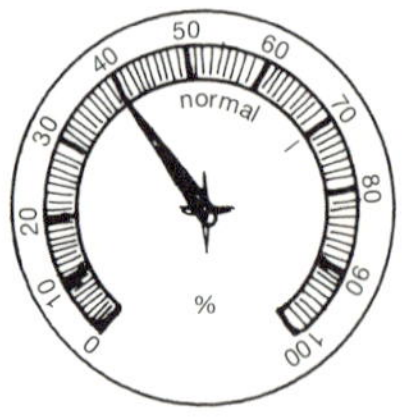

a) *60* %   b) *90* %   c) *40* %

Auch an einem Haar oder an einem Tannenzapfen kannst du erkennen, ob die Luft feuchter geworden ist. Das Haar zieht sich bei Trockenheit zusammen, bei Feuchtigkeit wird es länger.

3. Beobachte einen Tannenzapfen! Was siehst du?

Bei Trockenheit öffnet er sich. Bei Feuchtigkeit schließt er sich.

9. Die Erscheinungsformen des Wassers

In der Erdatmosphäre kommt Wasser in vielen Formen vor. Kannst du sie in dem Buchstabenkasten finden? Neun Wörter sind dort versteckt.

N	I	S	S	K	L	N	R	E	I	F	G	R	L
E	A	R	E	G	E	N	M	S	V	W	E	I	S
B	P	H	I	T	C	L	I	V	A	L	M	X	I
E	W	A	S	S	E	R	D	A	M	P	F	P	T
L	H	I	C	K	O	R	S	C	H	N	E	E	T
K	M	L	N	H	A	G	E	L	R	S	H	K	T
W	A	S	S	E	R	T	R	O	P	F	E	N	A
Q	E	T	O	R	Z	X	A	I	S	F	L	P	U

1. Schreibe sie auf!

___

___

___

2. In den folgenden Wörtern fehlen die Vokale (Selbstlaute). Ergänze sie!
e – e – e – e – e – e – ie – ie – o
Wasser verändert seine Form entweder durch:
G__fr__r__n, Schm__lz__n oder K__nd__ns__r__n.

3. Ergänze den richtigen Begriff aus Aufgabe 2!
a) Eis wird zu Wasser = ___
b) Dampf bildet Tropfen (z. B. auf kalten Flächen) = ___
c) Wasser wird zu Eis = ___

9. Die Erscheinungsformen des Wassers · Kontrollblatt

In der Erdatmosphäre kommt Wasser in vielen Formen vor. Kannst du sie in dem Buchstabenkasten finden? Neun Wörter sind dort versteckt.

N	I	S	S	K	L	N	R	E	I	F	G	R	L
E	A	R	E	G	E	N	M	S	V	W	E	I	S
B	P	H	I	T	C	L	I	V	A	L	M	X	I
E	W	A	S	S	E	R	D	A	M	P	F	P	T
L	H	I	C	K	O	R	S	C	H	N	E	E	T
K	M	L	N	H	A	G	E	L	R	S	H	K	T
W	A	S	S	E	R	T	R	O	P	F	E	N	A
Q	E	T	O	R	Z	X	A	I	S	F	L	P	U

1. Schreibe sie auf!

Nebel, Reif, Regen, Eis, Wasserdampf, Schnee, Hagel, Tau, Wassertropfen

2. In den folgenden Wörtern fehlen die Vokale (Selbstlaute). Ergänze sie!
e – e – e – e – e – e – ie – ie – o
Wasser verändert seine Form entweder durch:
G*e*fr*ie*r*e*n, Schm*e*lz*e*n oder K*o*nd*e*ns*ie*r*e*n.

3. Ergänze den richtigen Begriff aus Aufgabe 2!

a) Eis wird zu Wasser = *Schmelzen*

b) Dampf bildet Tropfen (z. B. auf kalten Flächen) = *Kondensieren*

c) Wasser wird zu Eis = *Gefrieren*

10. Große Ströme im Meer

Große Wasserströme fließen durch die Meere. Manche sind kalt, manche sind warm. Sie beeinflussen das Klima der angrenzenden Länder.

Für das milde Klima unserer Gegend ist ein großer Strom verantwortlich, der aus der karibischen See vor Mittelamerika kommt. Er fließt quer über den Atlantik und an Europa vorbei.

1. Suche die Buchstaben, die im Alphabet jeweils davorstehen! Dann hast du seinen Namen.

   Es ist der __ __ __ __ __ __ __ __ __.

   H P M G T U S P N

   Er ist einer der schnellsten Ströme und fließt mit einer Geschwindigkeit von 200 km pro Stunde.

2. Hier siehst du eine Karte mit einigen Meeresströmen. Wenn du noch mehr Ströme kennenlernen willst, schau im Atlas nach!

   Ergänze die Vokale (Selbstlaute) in den Namen der Ozeane!

   A – A – A – E – E – E – I – I – I – I – I

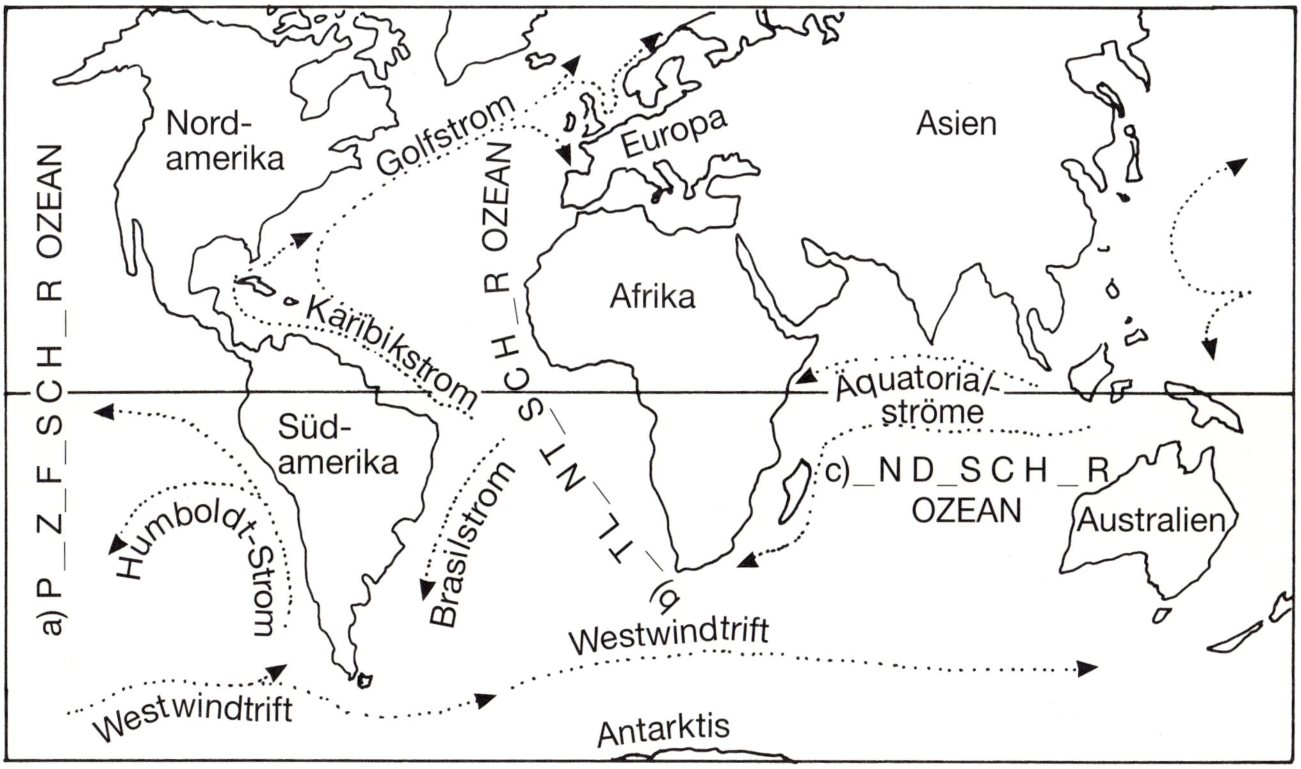

3. Male das Wasser blau und das Land braun an!

10. Große Ströme im Meer · Kontrollblatt

Große Wasserströme fließen durch die Meere. Manche sind kalt, manche sind warm. Sie beeinflussen das Klima der angrenzenden Länder.

Für das milde Klima unserer Gegend ist ein großer Strom verantwortlich, der aus der karibischen See vor Mittelamerika kommt. Er fließt quer über den Atlantik und an Europa vorbei.

1. Suche die Buchstaben, die im Alphabet jeweils davorstehen! Dann hast du seinen Namen.

   Es ist der G O L F S T R O M.

   H P M G T U S P N

   Er ist einer der schnellsten Ströme und fließt mit einer Geschwindigkeit von 200 km pro Stunde.

2. Hier siehst du eine Karte mit einigen Meeresströmen. Wenn du noch mehr Ströme kennenlernen willst, schau im Atlas nach!

   Ergänze die Vokale (Selbstlaute) in den Namen der Ozeane!

   A – A – A – E – E – E – I – I – I – I – I

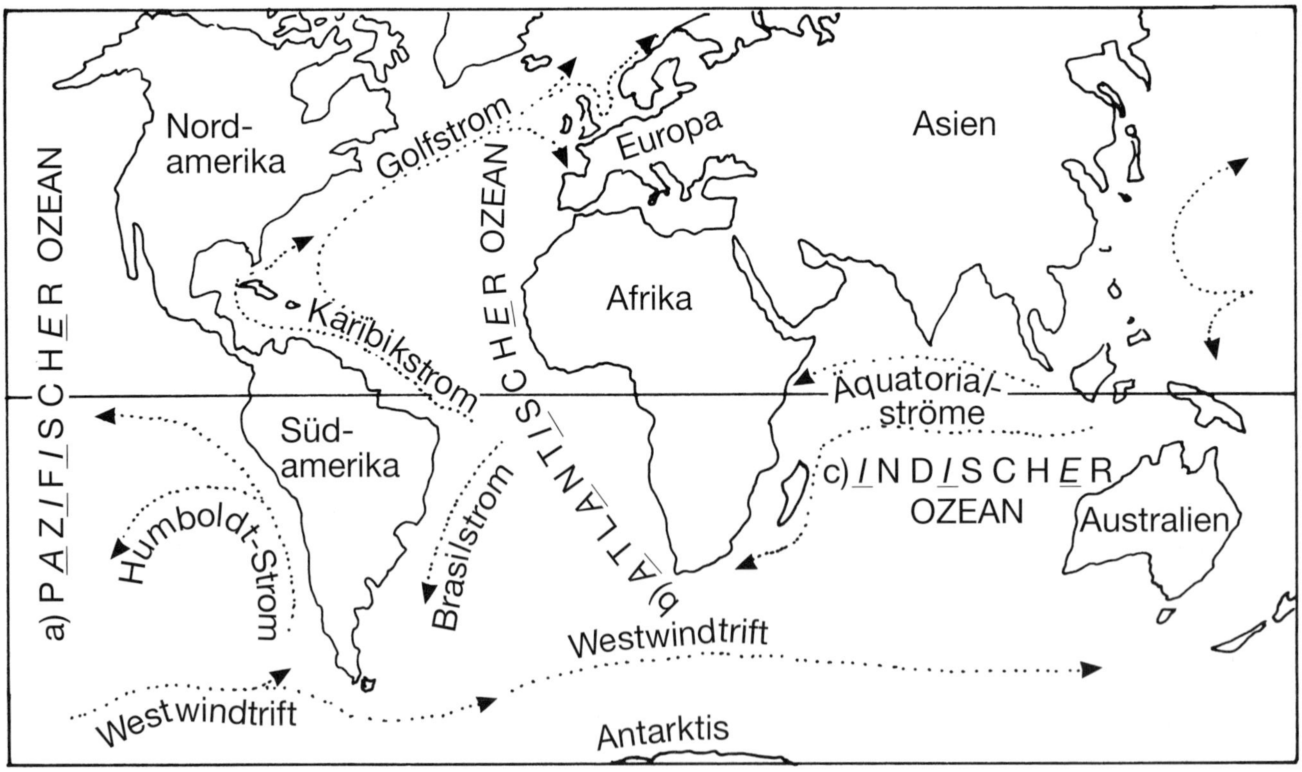

3. Male das Wasser blau und das Land braun an!

11. Die Sonne

Die Sonne ist nicht nur für den Kreislauf des Wassers wichtig, sondern sie gibt uns auch Licht. Das Licht braucht 8 Minuten, bis es uns erreicht. Es bewegt sich mit einer Geschwindigkeit von 300 000 km pro Sekunde.

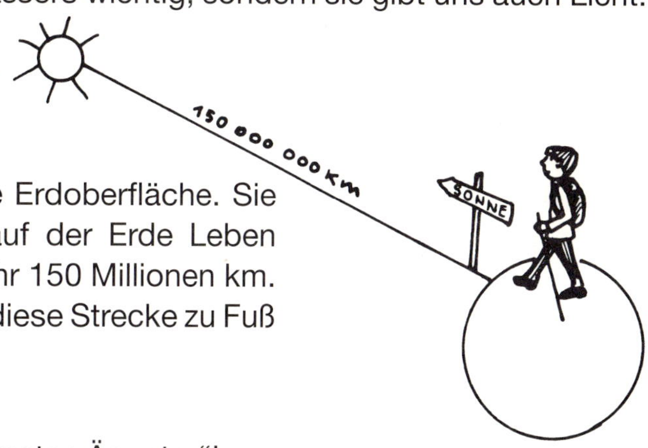

Außerdem erwärmt die Sonne die Luft und die Erdoberfläche. Sie hat genau die richtige Entfernung, um hier auf der Erde Leben zu ermöglichen. Die Entfernung beträgt ungefähr 150 Millionen km. Ein Mensch bräuchte ungefähr 4400 Jahre, um diese Strecke zu Fuß zu gehen.

1. Ergänze die Wörter „Polen, Wärme, Thermometer, Äquator“!

a) Am **heißesten** auf der Erde ist es am ______________________, wo die Sonnenstrahlen senkrecht auftreffen. Hier gibt es Temperaturen bis zu 58 Grad im Schatten.

b) Am **kältesten** ist es an den beiden ______________________, wo die Strahlen immer mit einer Neigung auftreffen. Hier gibt es Temperaturen bis zu -88 Grad.

c) Um die Lufttemperatur zu messen, nimmt man ein ______________________ und hängt es an eine schattige Stelle ungefähr 150 cm über dem Erdboden. Das Quecksilber in dem Thermometer dehnt sich bei ______________________ aus. Am Ende der Quecksilbersäule kannst du die genaue Temperatur ablesen.

2. Schreibe die Temperaturen auf, die diese Thermometer zeigen!

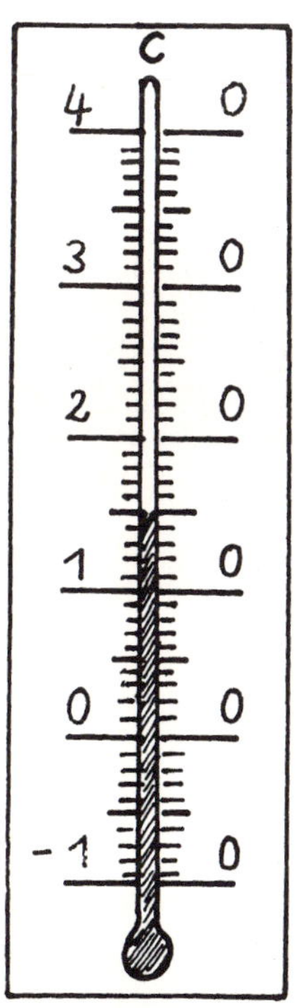

_______ °C

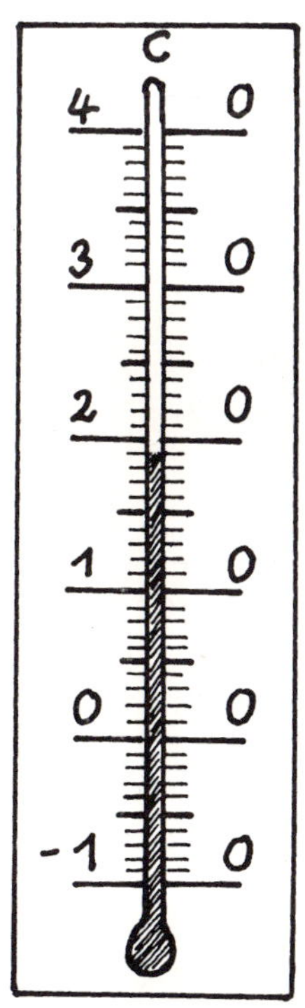

_______ °C

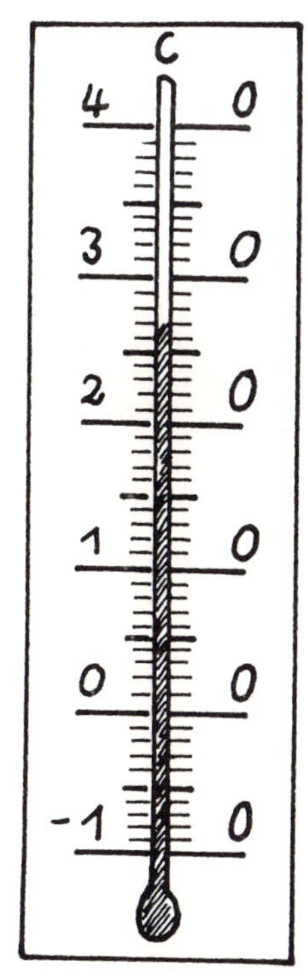

_______ °C

3. Finde heraus, wie die Menschen am Äquator und an den Polen leben! Bücher dazu bekommst du in deiner Bücherei.

11. Die Sonne · Kontrollblatt

Die Sonne ist nicht nur für den Kreislauf des Wassers wichtig, sondern sie gibt uns auch Licht. Das Licht braucht 8 Minuten, bis es uns erreicht. Es bewegt sich mit einer Geschwindigkeit von 300 000 km pro Sekunde.

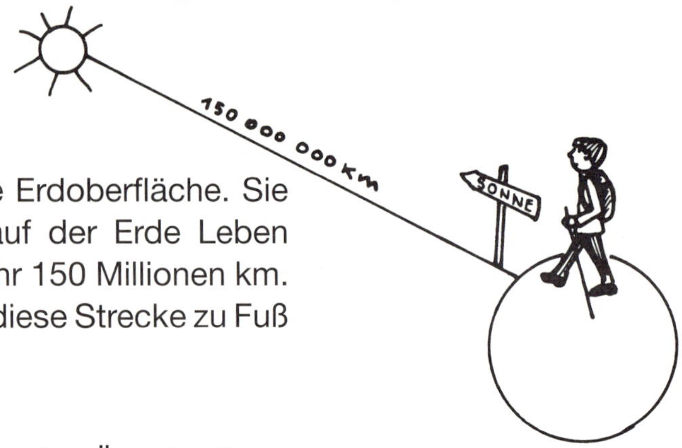

Außerdem erwärmt die Sonne die Luft und die Erdoberfläche. Sie hat genau die richtige Entfernung, um hier auf der Erde Leben zu ermöglichen. Die Entfernung beträgt ungefähr 150 Millionen km. Ein Mensch bräuchte ungefähr 4400 Jahre, um diese Strecke zu Fuß zu gehen.

1. Ergänze die Wörter „Polen, Wärme, Thermometer, Äquator“!

a) Am **heißesten** auf der Erde ist es am *Äquator*, wo die Sonnenstrahlen senkrecht auftreffen. Hier gibt es Temperaturen bis zu 58 Grad im Schatten.

b) Am **kältesten** ist es an den beiden *Polen*, wo die Strahlen immer mit einer Neigung auftreffen. Hier gibt es Temperaturen bis zu -88 Grad.

c) Um die Lufttemperatur zu messen, nimmt man ein *Thermometer* und hängt es an eine schattige Stelle ungefähr 150 cm über dem Erdboden. Das Quecksilber in dem Thermometer dehnt sich bei *Wärme* aus. Am Ende der Quecksilbersäule kannst du die genaue Temperatur ablesen.

2. Schreibe die Temperaturen auf, die diese Thermometer zeigen!

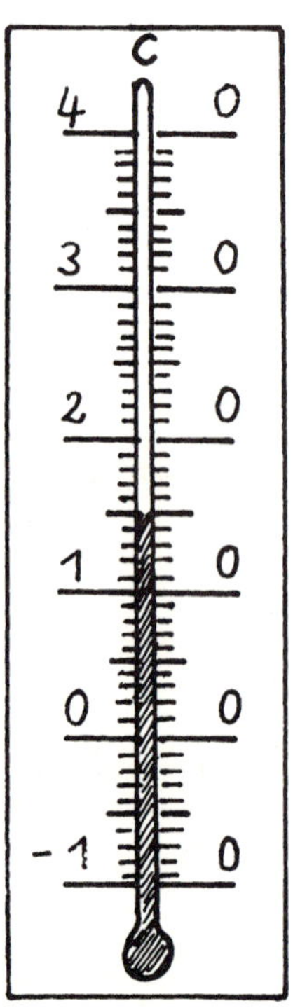

15 °C

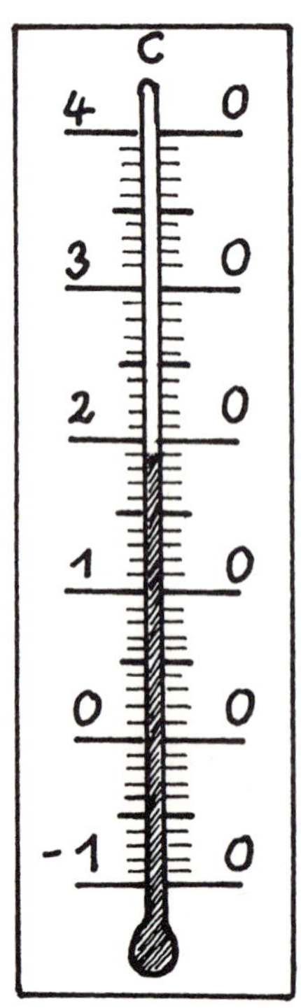

19 °C

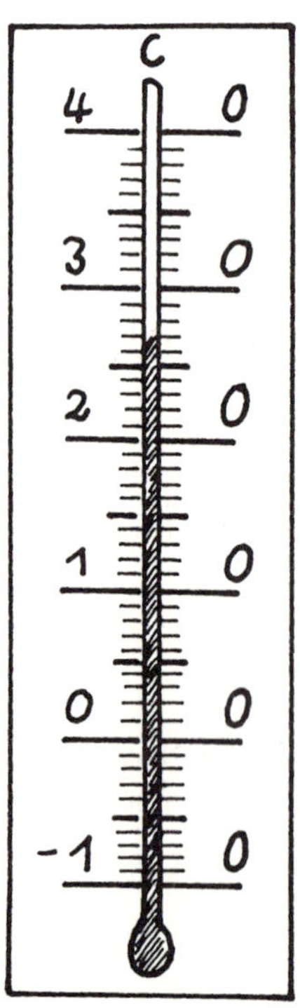

27 °C

3. Finde heraus, wie die Menschen am Äquator und an den Polen leben! Bücher dazu bekommst du in deiner Bücherei.

12. Tag und Nacht

Früher dachten die Menschen, die Sonne würde sich um die Erde drehen. Sie würde morgens im Osten erscheinen und abends im Westen untergehen. So erklärten sie sich die Erscheinung von Tag und Nacht.

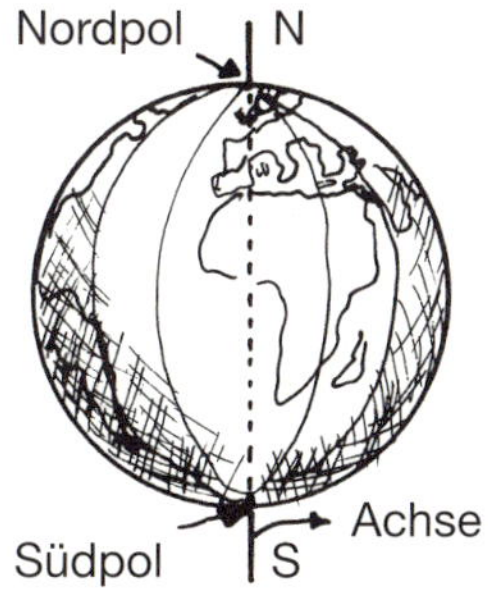

Heute wissen wir, daß das nicht stimmt. Es ist die Erde, die sich dreht. Sie dreht sich um die Sonne und außerdem um sich selbst, d. h. um ihre eigene Achse. Das ist eine gedachte Linie zwischen Nord- und Südpol.

Gegen Morgen drehen wir uns zur Sonne hin. Wenn wir sie dann sehen, sagen wir: „Die Sonne geht auf." Gegen Abend drehen wir uns von der Sonne weg. Wenn wir sie dann am Horizont verschwinden sehen, sagen wir: „Die Sonne geht unter."

Für eine Umdrehung um sich selbst braucht die Erde 24 Stunden – einen Tag und eine Nacht

1. Wenn du die im Alphabet davorstehenden Buchstaben aufschreibst, weißt du, welcher Mann das herausgefunden hat.

   Es war _ _ _ _ _ _ _ _   _ _ _ _ _ _ _ _ _ _.

   O J L P M B V T   L P Q F S O J L V T

   Damals wollte ihm niemand glauben.

2. Versuche herauszufinden, wann er gelebt hat! Schau im Lexikon oder in einem entsprechenden Sachbuch nach!

   Er lebte von ________ bis ________.

Mit Hilfe der Sonne kann man feststellen, wie spät es ist. Schon die Römer, ja sogar die Ägypter, hatten Sonnenuhren. Auch heute noch findet man sie in vielen Formen und an vielen Stellen.

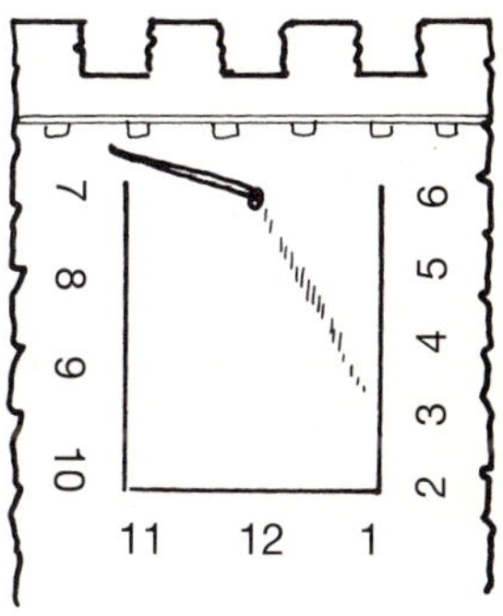

3. Zeichne einen Kreis auf einen Papierbogen! Lege diesen auf den Boden! Stecke einen Stab durch den Mittelpunkt in die Erde hinein! Jede Stunde zeichnest du dort einen Strich auf den Kreisbogen, wo der Schatten des Stabes hinfällt! Fertig ist die Sonnenuhr.

12. Tag und Nacht · Kontrollblatt

Früher dachten die Menschen, die Sonne würde sich um die Erde drehen. Sie würde morgens im Osten erscheinen und abends im Westen untergehen. So erklärten sie sich die Erscheinung von Tag und Nacht.

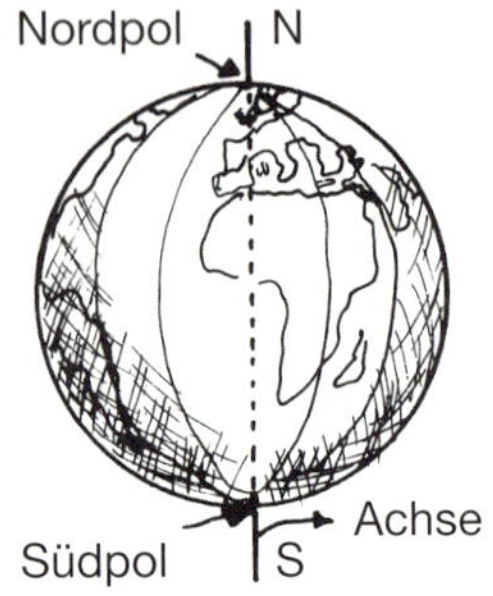

Heute wissen wir, daß das nicht stimmt. Es ist die Erde, die sich dreht. Sie dreht sich um die Sonne und außerdem um sich selbst, d. h. um ihre eigene Achse. Das ist eine gedachte Linie zwischen Nord- und Südpol.

Gegen Morgen drehen wir uns zur Sonne hin. Wenn wir sie dann sehen, sagen wir: „Die Sonne geht auf." Gegen Abend drehen wir uns von der Sonne weg. Wenn wir sie dann am Horizont verschwinden sehen, sagen wir: „Die Sonne geht unter."

Für eine Umdrehung um sich selbst braucht die Erde 24 Stunden –
einen Tag und eine Nacht

1. Wenn du die im Alphabet davorstehenden Buchstaben aufschreibst, weißt du, welcher Mann das herausgefunden hat.

   Es war *N I K O L A U S K O P E R N I K U S*.
   O J L P M B V T L P Q F S O J L V T

   Damals wollte ihm niemand glauben.

2. Versuche herauszufinden, wann er gelebt hat! Schau im Lexikon oder in einem entsprechenden Sachbuch nach!

   Er lebte von *1473* bis *1543*.

Mit Hilfe der Sonne kann man feststellen, wie spät es ist. Schon die Römer, ja sogar die Ägypter, hatten Sonnenuhren. Auch heute noch findet man sie in vielen Formen und an vielen Stellen.

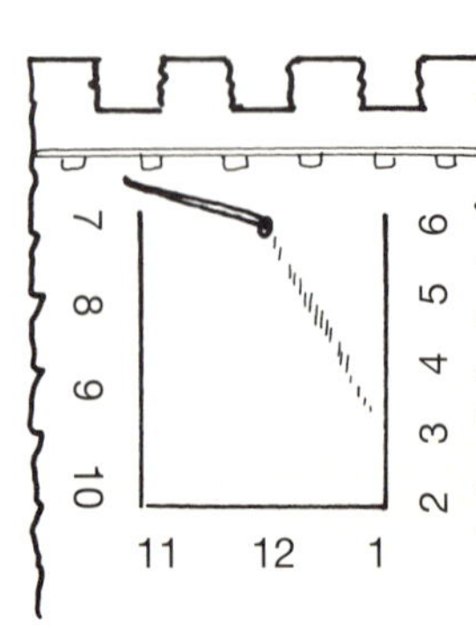

3. Zeichne einen Kreis auf einen Papierbogen! Lege diesen auf den Boden! Stecke einen Stab durch den Mittelpunkt in die Erde hinein! Jede Stunde zeichnest du dort einen Strich auf den Kreisbogen, wo der Schatten des Stabes hinfällt! Fertig ist die Sonnenuhr.

13. Die Tage sind verschieden lang

Im Sommer ist es nicht nur wärmer, sondern auch heller. Die Tage sind lang, die Nächte sind kurz. Das liegt daran, daß die Seite der Erde, die der Sonne zugewandt ist, länger im Sonnenlicht bleibt.

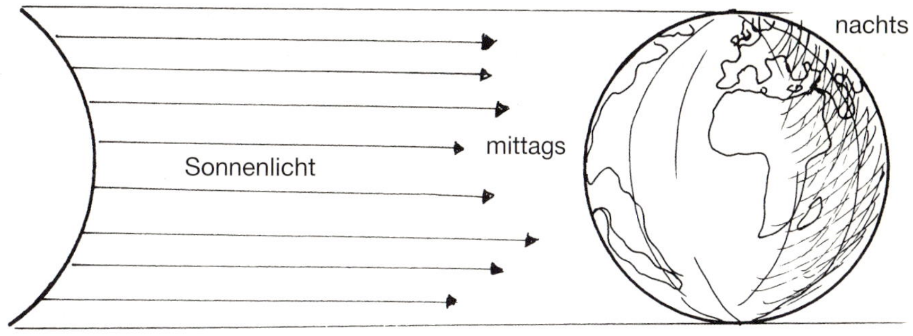

1. Kleine Wolken haben sich vor die Wörter geschoben und einige Silben verdeckt. Ergänze -ge, -den, -te, -len, -zer, -sten, -ber, -ste!

Im **Frühling** werden die Tage allmählich länger und die Näch kürzer. Am **Frühlingsanfang,** dem 21. März, haben Tag und Nacht die gleiche Länge, jeweils 12 Stun. Von nun an fallen die Sonnenstrah immer steiler auf die Erde. Je steiler der Winkel, desto wärmer ist es.

Im **Sommer** sind die Ta sehr lang. Der 21. Juni ist der läng Tag. Danach werden die Tage allmählich wieder kür.

Am **Herbstanfang,** dem 23. Septem, sind Tag und Nacht wieder genau gleich lang.

Bei **Winteranfang** am 22. Dezember ist die Nacht am läng.

2. Schreibe auf, was du am liebsten magst, lange Tage oder lange Nächte! Schreibe auch, warum dir das eine oder andere besser gefällt!

13. Die Tage sind verschieden lang · Kontrollblatt

Im Sommer ist es nicht nur wärmer, sondern auch heller. Die Tage sind lang, die Nächte sind kurz. Das liegt daran, daß die Seite der Erde, die der Sonne zugewandt ist, länger im Sonnenlicht bleibt.

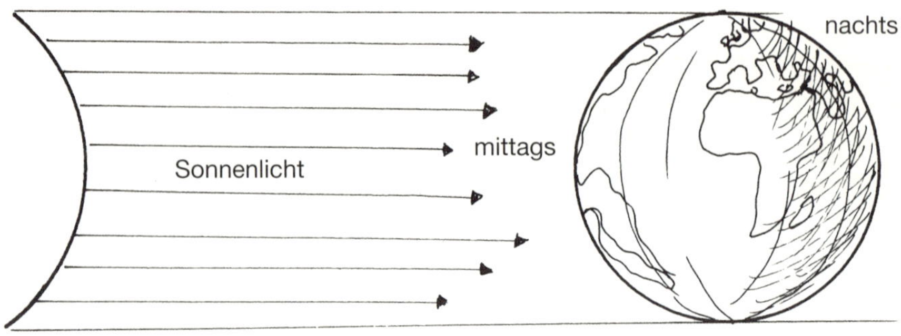

1. Kleine Wolken haben sich vor die Wörter geschoben und einige Silben verdeckt. Ergänze -ge, -den, -te, -len, -zer, -sten, -ber, -ste!

   Im **Frühling** werden die Tage allmählich länger und die Nächte kürzer. Am **Frühlingsanfang,** dem 21. März, haben Tag und Nacht die gleiche Länge, jeweils 12 Stunden. Von nun an fallen die Sonnenstrahlen immer steiler auf die Erde. Je steiler der Winkel, desto wärmer ist es.

   Im **Sommer** sind die Tage sehr lang. Der 21. Juni ist der längste Tag. Danach werden die Tage allmählich wieder kürzer.

   Am **Herbstanfang,** dem 23. September, sind Tag und Nacht wieder genau gleich lang.

   Bei **Winteranfang** am 22. Dezember ist die Nacht am längsten.

2. Schreibe auf, was du am liebsten magst, lange Tage oder lange Nächte! Schreibe auch, warum dir das eine oder andere besser gefällt!

14. Die Jahreszeiten

Die Erde dreht sich nicht nur um ihre eigene Achse, sondern auch noch um die Sonne. Ein ganzes Jahr braucht sie für diese Reise. Das sind 365 Tage. Sie legt in dieser Zeit ungefähr 1000 Millionen Kilometer zurück.

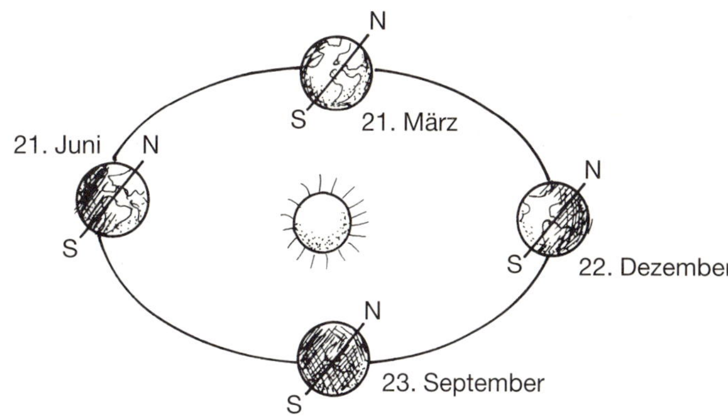

Weil die Erdachse nicht senkrecht zur Erdbahn steht, sondern immer leicht schräg, kommt es dazu, daß wir eine Zeitlang mehr Licht und Wärme haben und eine Zeitlang weniger. Im Sommer, wenn die Nordhalbkugel zur Sonne hingeneigt ist, haben wir mehr Licht und Wärme. Im Winter ist es umgekehrt. Dann ist die Südhalbkugel der Sonne zugeneigt. Dann ist es dort wärmer.

1. Verbinde, was zusammengehört!

a) Sommer auf der Nordhalbkugel, Winter auf der Südhalbkugel

b) Sommer auf der Südhalbkugel, Winter auf der Nordhalbkugel

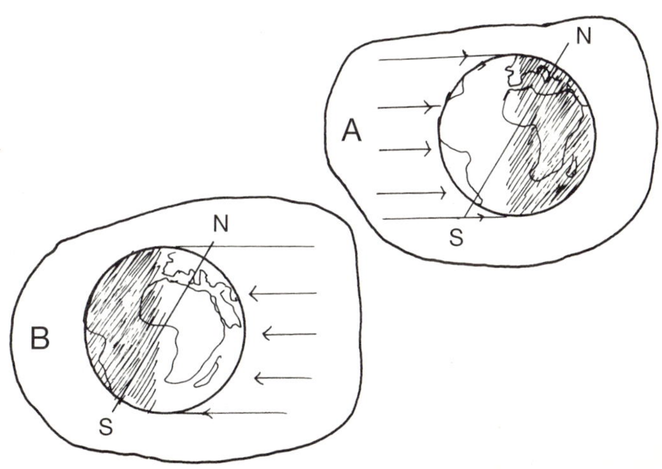

Infolge dieser Neigung der Erdachse haben wir also unsere 4 Jahreszeiten – den Frühbst, den Somter, den Herling und den Winmer.

2. Irgendetwas stimmt hier nicht. Kannst du es richtig schreiben?

   Die vier Jahreszeiten heißen

   F_ _ _ _ _ _ _, S_ _ _ _ _, H_ _ _ _ _ und W_ _ _ _ _.

   Aber nicht überall auf der Erde gibt es diese vier Jahreszeiten. Am Äquator gibt es z. B. nur trockene und feuchte Perioden.

3. Suche dir eine Landschaft aus, die du zu den verschiedenen Jahreszeiten fotografierst! Am besten jeden Monat an einem bestimmten Tag.

14. Die Jahreszeiten · Kontrollblatt

Die Erde dreht sich nicht nur um ihre eigene Achse, sondern auch noch um die Sonne. Ein ganzes Jahr braucht sie für diese Reise. Das sind 365 Tage. Sie legt in dieser Zeit ungefähr 1000 Millionen Kilometer zurück.

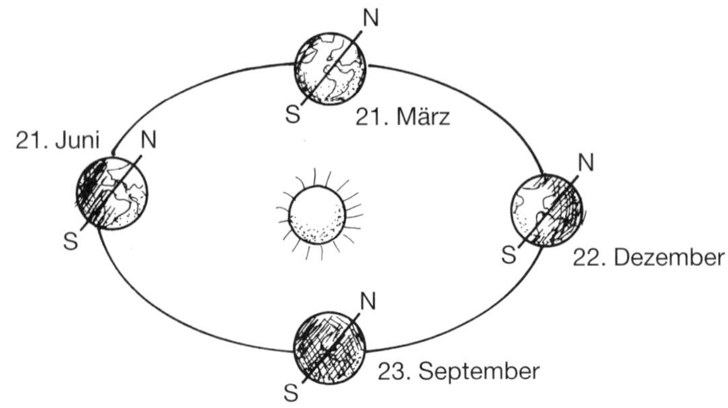

Weil die Erdachse nicht senkrecht zur Erdbahn steht, sondern immer leicht schräg, kommt es dazu, daß wir eine Zeitlang mehr Licht und Wärme haben und eine Zeitlang weniger. Im Sommer, wenn die Nordhalbkugel zur Sonne hingeneigt ist, haben wir mehr Licht und Wärme. Im Winter ist es umgekehrt. Dann ist die Südhalbkugel der Sonne zugeneigt. Dann ist es dort wärmer.

1. Verbinde, was zusammengehört!

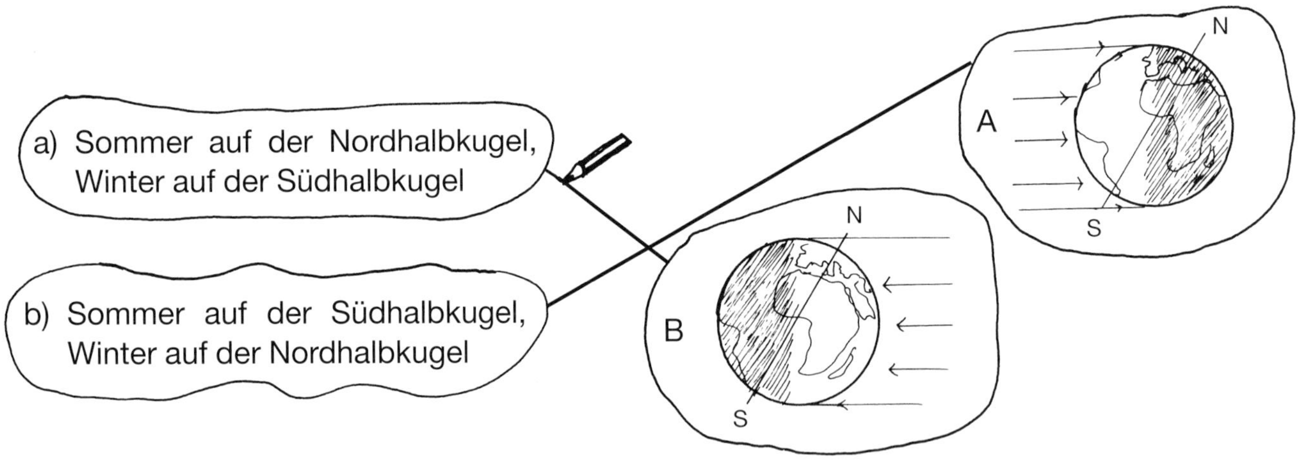

Infolge dieser Neigung der Erdachse haben wir also unsere 4 Jahreszeiten – den Frühbst, den Somter, den Herling und den Winmer.

2. Irgendetwas stimmt hier nicht. Kannst du es richtig schreiben?

   Die vier Jahreszeiten heißen

   F R Ü H L I N G, S O M M E R, H E R B S T und W I N T E R.

   Aber nicht überall auf der Erde gibt es diese vier Jahreszeiten. Am Äquator gibt es z. B. nur trockene und feuchte Perioden.

3. Suche dir eine Landschaft aus, die du zu den verschiedenen Jahreszeiten fotografierst! Am besten jeden Monat an einem bestimmten Tag.

15. Der Regen

Wolken bestehen aus vielen winzigen Wassertröpfchen. Wenn sich mehrere dieser kleinen Tröpfchen um ein festes Teilchen wie Staubkörnchen, Eis- oder Salzstückchen schließen, bilden sich Regentropfen.

Wenn diese Regentropfen so schwer geworden sind, daß die Wolke sie nicht mehr halten kann, dann fallen sie herab. Es regnet. Regentropfen sind verschieden groß. Bei Nieselregen sind sie ganz winzig, vielleicht 0,5 mm groß, bei Gewitter sind sie manchmal sehr groß, zum Teil 5 mm.

1. Schau dir die Form von Regentropfen genau an! Haben sie dieselbe Form wie Tränen?

   ja ❑ nein ❑

2. Bilde Wörter aus den Buchstabenpaaren, und setze sie hier ein!

   a) Es regnet nicht überall gleich viel auf der Erde. Der größte Teil des Regens geht auf den _ _ _ _ _ _ nieder.

   b) In den tropischen _ _ _ _ _- _ _ _ _ _ _ _ regnet es auch sehr viel. Es regnet dort jeden Tag.

   c) In den _ _ _ _ _ _ _ _- _ _ _ _ _ _ der Erde regnet es dagegen fast nie.

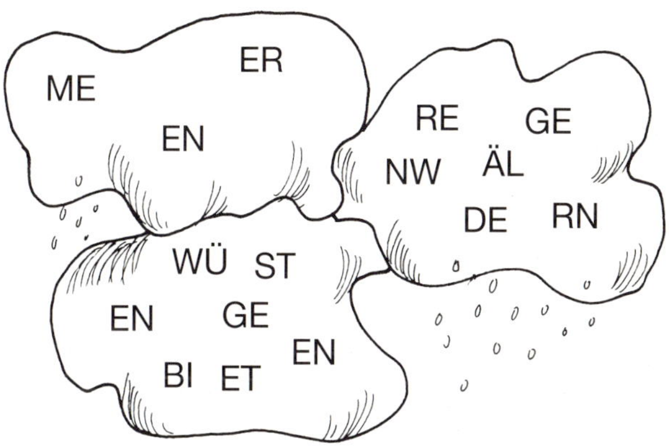

Wenn du wissen willst, wieviel es bei uns regnet, kannst du das mit einem Regenmesser feststellen. Es ist nicht schwer, so ein Meßgerät selbst herzustellen. Dazu brauchst du eine Dose, ein Glas, einen Trichter und ein Lineal.

Grabe die Dose ein wenig in die Erde ein!
Stelle das Glas hinein!
Stelle einen Trichter auf das Glas!

Zwischen dem Trichter und der Dose sollte möglichst wenig Platz sein. Der Regenmesser sollte über das Gras reichen, damit kein Wasser von dort hineinspritzen kann.

Mit dem Lineal kannst du die Höhe des Regenwassers nachmessen.

15. Der Regen · Kontrollblatt

Wolken bestehen aus vielen winzigen Wassertröpfchen. Wenn sich mehrere dieser kleinen Tröpfchen um ein festes Teilchen wie Staubkörnchen, Eis- oder Salzstückchen schließen, bilden sich Regentropfen.
Wenn diese Regentropfen so schwer geworden sind, daß die Wolke sie nicht mehr halten kann, dann fallen sie herab. Es regnet. Regentropfen sind verschieden groß. Bei Nieselregen sind sie ganz winzig, vielleicht 0,5 mm groß, bei Gewitter sind sie manchmal sehr groß, zum Teil 5 mm.

1. Schau dir die Form von Regentropfen genau an! Haben sie dieselbe Form wie Tränen?

   ja ☐ nein ☒

2. Bilde Wörter aus den Buchstabenpaaren, und setze sie hier ein!

   a) Es regnet nicht überall gleich viel auf der Erde. Der größte Teil des Regens geht auf den M E E R E N nieder.

   b) In den tropischen R E G E N- W Ä L D E R N regnet es auch sehr viel. Es regnet dort jeden Tag.

   c) In den W Ü S T E N G E- B I E T E N der Erde regnet es dagegen fast nie.

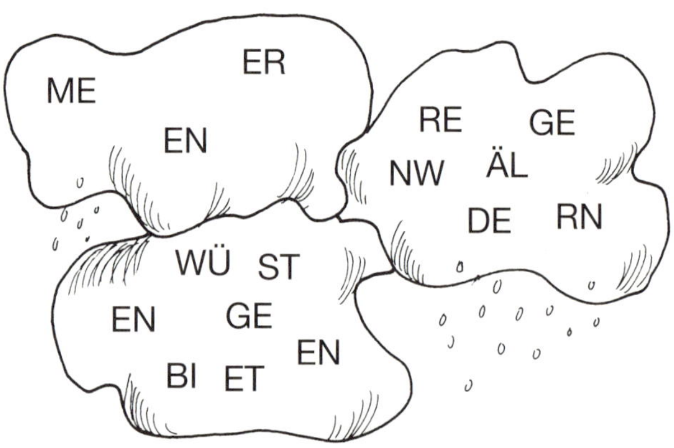

Wenn du wissen willst, wieviel es bei uns regnet, kannst du das mit einem Regenmesser feststellen. Es ist nicht schwer, so ein Meßgerät selbst herzustellen. Dazu brauchst du eine Dose, ein Glas, einen Trichter und ein Lineal.

Grabe die Dose ein wenig in die Erde ein!
Stelle das Glas hinein!
Stelle einen Trichter auf das Glas!

Zwischen dem Trichter und der Dose sollte möglichst wenig Platz sein. Der Regenmesser sollte über das Gras reichen, damit kein Wasser von dort hineinspritzen kann.

Mit dem Lineal kannst du die Höhe des Regenwassers nachmessen.

16. Schnee

Wenn es so kalt wird, daß der Wasserdampf in den Wolken gefriert, entstehen kleine Eiskristalle, die Schneeflocken. Schnee ist also **kein** gefrorener Regen.

Ob es regnet oder schneit, hängt von der Temperatur ab.
Liegt die Temperatur über dem Gefrierpunkt (0° C), regnet es. Liegt sie darunter, schneit es.

Alle Schneeflocken sind verschieden. Nicht zwei von ihnen sind gleich. Aber sie sind alle sechsstrahlig.

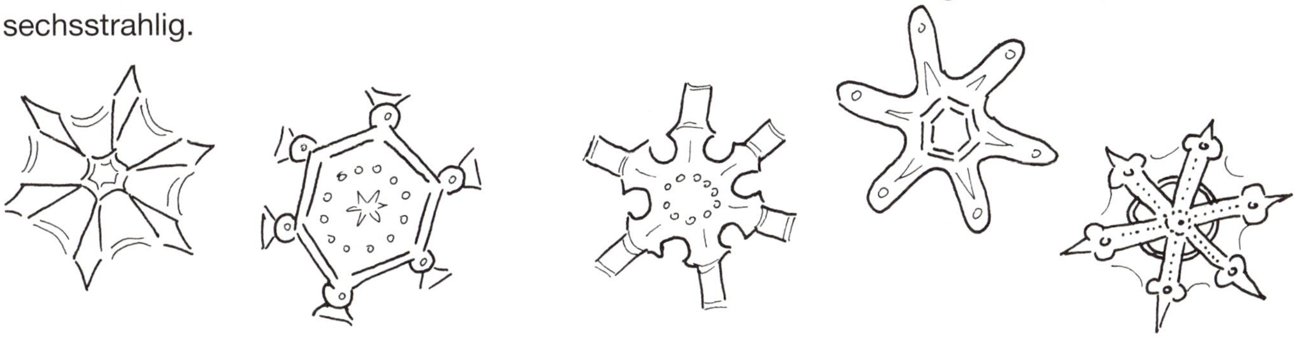

1. In diesem Schneerätsel stehen richtige und falsche Aussagen beieinander. Verbinde die richtigen Aussagen jeweils mit dem Schneemann, den du in der Mitte findest!

Schnee ist gefrorener Regen.

Alle Schneeflocken sind sechsstrahlig.

In der polaren Klimazone schneit es fast nie.

Weil der Eisbär ein sehr dünnes Fell hat, erfriert er, wenn es schneit.

Der Schneehase liebt warme Gewässer.

Auf der Haut schmelzen Schneeflocken.

Auf besonders hohen Berggipfeln bleibt der Schnee auch im Sommer liegen.

Andere Eisbewohner sind das Kamel, der Wüstenfuchs und der Schimpanse.

Durch das dunkle Fell hebt sich der Eisbär besonders stark von Schnee und Eis ab.

Der Eisbär lebt inmitten von Eis und Schnee.

Bei einer Temperatur über dem Gefrierpunkt regnet es.

Schneeflocken können ein- bis sechsstrahlige Formen haben.

Schneeflocken sind gefrorene Eiskristalle.

Bei einer Temperatur unter dem Gefrierpunkt beginnt es immer zu schneien.

2. Zeichne Schneeflocken auf weißes Papier, schneide sie aus, und klebe sie auf schwarzen Fotokarton!
3. Betrachte Schneeflocken unter einem Vergrößerungsglas!
4. Stell dir vor, du wärst eine Schneeflocke! Erfinde eine Geschichte!

16. Schnee · Kontrollblatt

Wenn es so kalt wird, daß der Wasserdampf in den Wolken gefriert, entstehen kleine Eiskristalle, die Schneeflocken. Schnee ist also **kein** gefrorener Regen.

Ob es regnet oder schneit, hängt von der Temperatur ab.
Liegt die Temperatur über dem Gefrierpunkt (0° C), regnet es. Liegt sie darunter, schneit es.

Alle Schneeflocken sind verschieden. Nicht zwei von ihnen sind gleich. Aber sie sind alle sechsstrahlig.

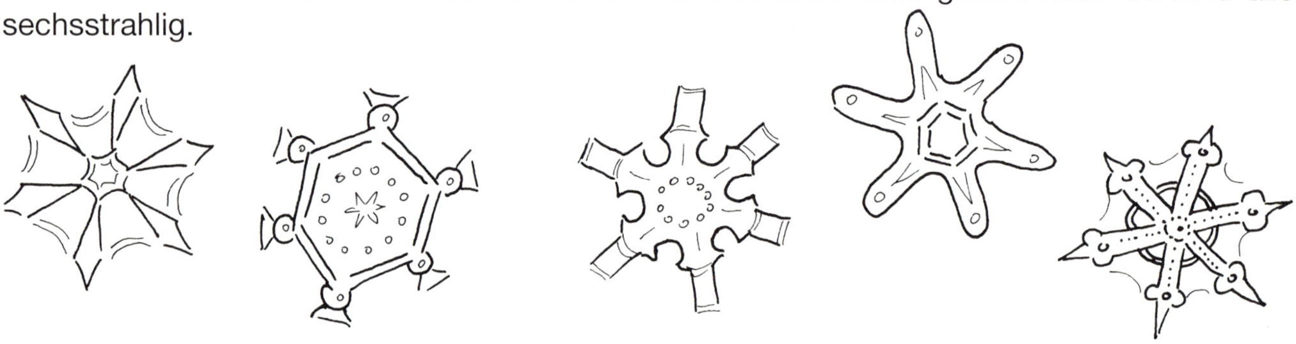

1. In diesem Schneerätsel stehen richtige und falsche Aussagen beieinander. Verbinde die richtigen Aussagen jeweils mit dem Schneemann, den du in der Mitte findest!

Schnee ist gefrorener Regen.

Alle Schneeflocken sind sechsstrahlig.

In der polaren Klimazone schneit es fast nie.

Weil der Eisbär ein sehr dünnes Fell hat, erfriert er, wenn es schneit.

Der Schneehase liebt warme Gewässer.

Auf der Haut schmelzen Schneeflocken.

Auf besonders hohen Berggipfeln bleibt der Schnee auch im Sommer liegen.

Andere Eisbewohner sind das Kamel, der Wüstenfuchs und der Schimpanse.

Durch das dunkle Fell hebt sich der Eisbär besonders stark von Schnee und Eis ab.

Der Eisbär lebt inmitten von Eis und Schnee.

Bei einer Temperatur über dem Gefrierpunkt regnet es.

Schneeflocken können ein- bis sechsstrahlige Formen haben.

Schneeflocken sind gefrorene Eiskristalle.

Bei einer Temperatur unter dem Gefrierpunkt beginnt es immer zu schneien.

2. Zeichne Schneeflocken auf weißes Papier, schneide sie aus, und klebe sie auf schwarzen Fotokarton!
3. Betrachte Schneeflocken unter einem Vergrößerungsglas!
4. Stell dir vor, du wärst eine Schneeflocke! Erfinde eine Geschichte!

17. Hagel und Eis

Wenn gefrorene Regentropfen (= Eiskörnchen) mehrmals in einer Wolke hochgewirbelt werden, bilden sich **Hagelkörner.** Hagelkörner sind meistens erbsengroß, manchmal jedoch auch riesengroß. 1970 fiel eines der größten Hagelkörner in Amerika. Es wog 750 Gramm und war so groß wie eine Melone. Hagel kann großen Schaden anrichten.

1. Schneide ein paar Hagelkörner durch! Dann kannst du innen die Eisschichten sehen, die sich gebildet haben. Wenn du sie zählst, weißt du, wie oft das Hagelkorn in der Wolke auf- und niedergewirbelt worden ist.

2. Ergänze die Wörter „Eisblumen, Wasser, spiegelglatt"!

   Eis entsteht, wenn ________________ gefriert. Wenn Regen zu Eis gefriert, können Autostraßen plötzlich ________________ werden. Das ist lebensgefährlich für die Autofahrer. Wenn der Tau auf Pflanzen und Gegenständen gefriert, bildet sich Rauhreif und auf Autoscheiben manchmal auch ________________.

3. Wenn sich bei Frost auf einem See eine dicke Eisschicht bildet, bietet sie nicht nur eine schöne Fläche zum Eislaufen, sondern großen Schutz für die Fische. Wieso?

   ____

   ____

   ____

17. Hagel und Eis · Kontrollblatt

Wenn gefrorene Regentropfen (= Eiskörnchen) mehrmals in einer Wolke hochgewirbelt werden, bilden sich **Hagelkörner.** Hagelkörner sind meistens erbsengroß, manchmal jedoch auch riesengroß. 1970 fiel eines der größten Hagelkörner in Amerika. Es wog 750 Gramm und war so groß wie eine Melone. Hagel kann großen Schaden anrichten.

1. Schneide ein paar Hagelkörner durch! Dann kannst du innen die Eisschichten sehen, die sich gebildet haben. Wenn du sie zählst, weißt du, wie oft das Hagelkorn in der Wolke auf- und niedergewirbelt worden ist.

2. Ergänze die Wörter „Eisblumen, Wasser, spiegelglatt"!

   Eis entsteht, wenn *Wasser* gefriert. Wenn Regen zu Eis gefriert, können Autostraßen plötzlich *spiegelglatt* werden. Das ist lebensgefährlich für die Autofahrer. Wenn der Tau auf Pflanzen und Gegenständen gefriert, bildet sich Rauhreif und auf Autoscheiben manchmal auch *Eisblumen*.

3. Wenn sich bei Frost auf einem See eine dicke Eisschicht bildet, bietet sie nicht nur eine schöne Fläche zum Eislaufen, sondern großen Schutz für die Fische. Wieso?

   Die Eisschicht liegt wie eine Decke auf dem Wasser. Dadurch bleibt das Wasser für die Fische warm genug.

18. Wie entstehen Wolken?

Zu den auffälligsten Erscheinungen des Wetters gehören die Wolken. Wenn warme Luft aufsteigt und sich abkühlt, entsteht Wasserdampf. Viele winzige Wassertröpfchen bilden eine Wolke.

1. Ergänze im folgenden Text die ersten und letzten Buchstaben einiger Wörter!

W … r, H … e, W … n, k … e, T … n,

So ist es auch zu __aus__, wenn das Wasser im Wasserkessel kocht oder wenn du im Badezimmer heißes __asse__ in die Wanne laufen läßt. Auf den kalten Oberflächen von Spiegeln, Kacheln und Fenstern kondensiert der Wasserdampf. Er bildet __ropfe__.

Es gibt viele Arten von __olke__, große, kleine, tiefe, hohe usw. Es gibt mindestens zehn verschiedene Arten. An der Art der Wolken kann man das __ommend__ Wetter erkennen.

2. Beobachte zwei Wochen lang die Wolken und führe Tagebuch darüber! Vielleicht findest du in deiner Bücherei weitere Bücher dazu.

Eine besondere und manchmal sehr gefährliche Wolkenart ist der **Nebel**. Er entsteht meistens im Frühjahr und im Herbst, wenn warme Luft über den kalten Boden streicht.
Vielleicht kannst du einmal einen Spaziergang im Nebel machen. Dann achte darauf, wie die Dinge aussehen, ob sie deutlich oder verschwommen sind, farbig oder grau.

3. Wie wäre es mit einem „Nebelbild“ in Wasserfarben?

4. Ein Zungenbrecher:

Wieselschnell wandern winzige watteweiche weiße Wolken westwärts.

18. Wie entstehen Wolken? · Kontrollblatt

Zu den auffälligsten Erscheinungen des Wetters gehören die Wolken. Wenn warme Luft aufsteigt und sich abkühlt, entsteht Wasserdampf. Viele winzige Wassertröpfchen bilden eine Wolke.

1. Ergänze im folgenden Text die ersten und letzten Buchstaben einiger Wörter!

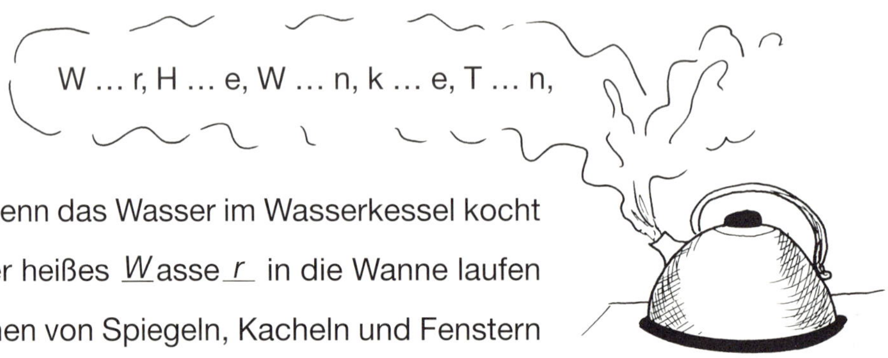

So ist es auch zu Hause, wenn das Wasser im Wasserkessel kocht oder wenn du im Badezimmer heißes Wasser in die Wanne laufen läßt. Auf den kalten Oberflächen von Spiegeln, Kacheln und Fenstern kondensiert der Wasserdampf. Er bildet Tropfen.

Es gibt viele Arten von Wolken, große, kleine, tiefe, hohe usw. Es gibt mindestens zehn verschiedene Arten. An der Art der Wolken kann man das kommende Wetter erkennen.

2. Beobachte zwei Wochen lang die Wolken und führe Tagebuch darüber! Vielleicht findest du in deiner Bücherei weitere Bücher dazu.

Eine besondere und manchmal sehr gefährliche Wolkenart ist der **Nebel**. Er entsteht meistens im Frühjahr und im Herbst, wenn warme Luft über den kalten Boden streicht.

Vielleicht kannst du einmal einen Spaziergang im Nebel machen. Dann achte darauf, wie die Dinge aussehen, ob sie deutlich oder verschwommen sind, farbig oder grau.

3. Wie wäre es mit einem „Nebelbild" in Wasserfarben?

4. Ein Zungenbrecher:

Wieselschnell wandern winzige watteweiche weiße Wolken westwärts.

19. Gewitter

1. Gewitterwolken haben einen Teil des Textes verdeckt. Kannst du ihn ergänzen?

Gewitter entstehen meistens im Sommer, wenn es ______________ __________ ______________ ist.

Große schwarze Wolken ziehen auf, in denen die Wassertröpfchen heftig durcheinandergewirbelt werden. Dabei ______________ diese aneinander, werden auseinandergerissen und laden sich elektrisch auf.

Plötzlich zieht die elektrische Ladung der einen Wolke die elektrische Ladung der anderen Wolke an. Es entsteht ein ____________________ ______________, den wir als **Blitz** sehen. Manchmal saust ein solcher Blitz zur Erde, wo er in hohe Gegenstände wie Gebäude oder Bäume einschlagen kann.

Ein Blitz legt in der Sekunde 140 000 km zurück. Sicher kennst du die Redensart „Schnell wie der Blitz sein“.

Ein Blitz erhitzt die Luft auf 10 000 bis 30 000 Grad Celsius. Dabei gibt es einen schrecklichen Krach – den **Donner**. Blitz und Donner geschehen ____________________. Aber wir hören den Donner erst später, weil der Schall langsamer fliegt als das Licht.

2. Wenn du wissen willst, wie weit das Gewitter entfernt ist, zähle die Sekunden (1, 2, 3 …) zwischen Blitz und Donner.

   Die Zahl, bei der du den Donner hörst, nimmst du mal 330 m!

   Beispiel: Liegen zwischen Blitz und Donner 3 Sekunden, ist das Gewitter 990 m, also fast 1000 m = 1 km entfernt.

   Vorsicht bei Gewitter! Auch Menschen können vom Blitz getroffen werden.

3. Erzähle eine spannende Gewitter-Geschichte!

19. Gewitter · Kontrollblatt

1. Gewitterwolken haben einen Teil des Textes verdeckt. Kannst du ihn ergänzen?

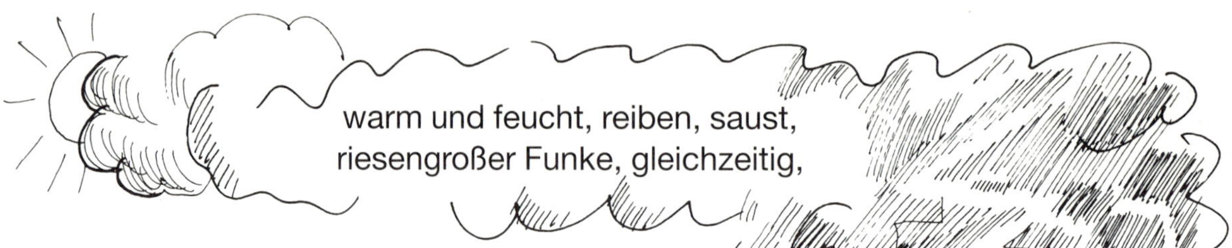

Gewitter entstehen meistens im Sommer, wenn es *warm* *und* *feucht* ist.

Große schwarze Wolken ziehen auf, in denen die Wassertröpfchen heftig durcheinandergewirbelt werden. Dabei *reiben* diese aneinander, werden auseinandergerissen und laden sich elektrisch auf.

Plötzlich zieht die elektrische Ladung der einen Wolke die elektrische Ladung der anderen Wolke an. Es entsteht ein *riesengroßer* *Funke*, den wir als **Blitz** sehen. Manchmal saust ein solcher Blitz zur Erde, wo er in hohe Gegenstände wie Gebäude oder Bäume einschlagen kann.

Ein Blitz legt in der Sekunde 140 000 km zurück. Sicher kennst du die Redensart „Schnell wie der Blitz sein".

Ein Blitz erhitzt die Luft auf 10 000 bis 30 000 Grad Celsius. Dabei gibt es einen schrecklichen Krach – den **Donner**. Blitz und Donner geschehen *gleichzeitig*. Aber wir hören den Donner erst später, weil der Schall langsamer fliegt als das Licht.

2. Wenn du wissen willst, wie weit das Gewitter entfernt ist, zähle die Sekunden (1, 2, 3 ...) zwischen Blitz und Donner.

   Die Zahl, bei der du den Donner hörst, nimmst du mal 330 m!

   Beispiel: Liegen zwischen Blitz und Donner 3 Sekunden, ist das Gewitter 990 m, also fast 1000 m = 1 km entfernt.

   Vorsicht bei Gewitter! Auch Menschen können vom Blitz getroffen werden.

3. Erzähle eine spannende Gewitter-Geschichte!

20. Gewitter-Quiz

1. Weißt du die Antworten?

a) Die meisten Gewitter gibt es bei uns im __ __ __ __(4) __ __.

b) Was reibt aneinander? __ __ __ __ __ __ __ __ __ __(1) __ __ __ __ __.

c) Wir sehen die elektrische Ladung als __ __ __(3) __ __.

d) Der Krach, der dabei entsteht, heißt __ __ __ __ __ __(2).

e) Der Schall fliegt __ __(5) __ __ __ __ __ __ __ als das Licht.

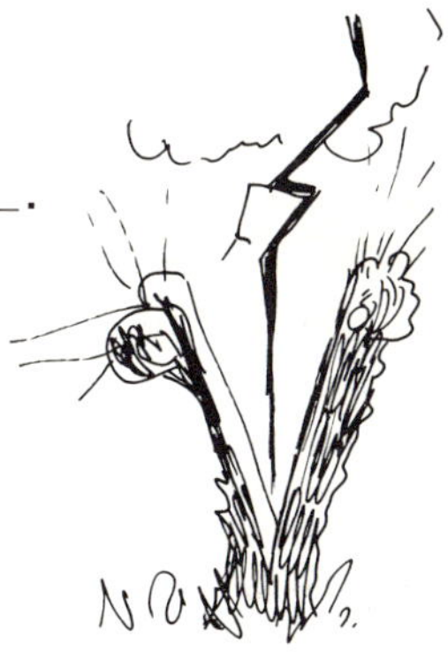

2. Schreibe die numerierten Buchstaben auf! Sie sagen dir, ob alles richtig ist.

__(1) __(2) __(3) __(4) __(5)

3. Klebe ein Foto von einem Blitz hier auf, oder zeichne ein Gewitterbild!

Ungefähr 6000 Blitze gibt es in jeder Minute auf dieser Welt. Unglaublich, nicht wahr?

20. Gewitter-Quiz · Kontrollblatt

1. Weißt du die Antworten?

a) Die meisten Gewitter gibt es bei uns im S O M $\underset{4}{M}$ E R.

b) Was reibt aneinander? W A S S E R T R Ö $\underset{1}{P}$ F C H E N.

c) Wir sehen die elektrische Ladung als B L $\underset{3}{I}$ T Z.

d) Der Krach, der dabei entsteht, heißt D O N N E $\underset{2}{R}$.

e) Der Schall fliegt L $\underset{5}{A}$ N G S A M E R als das Licht.

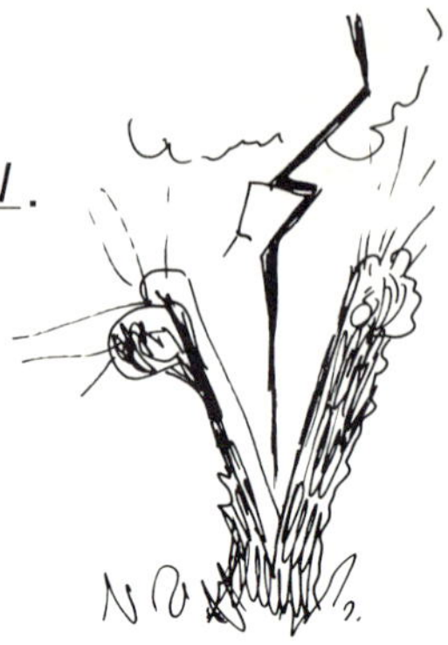

2. Schreibe die numerierten Buchstaben auf! Sie sagen dir, ob alles richtig ist.

$\underset{1}{P}$ $\underset{2}{R}$ $\underset{3}{I}$ $\underset{4}{M}$ $\underset{5}{A}$

3. Klebe ein Foto von einem Blitz hier auf, oder zeichne ein Gewitterbild!

Ungefähr 6000 Blitze gibt es in jeder Minute auf dieser Welt. Unglaublich, nicht wahr?

21. Winde

Wenn die Sonne die Atmosphäre (= die Lufthülle, die die Erde umgibt) aufwärmt, entstehen Winde. **Wind ist Luft, die sich bewegt.**

Vom Äquator strömt warme Luft zu den Polen, von den Polen strömt kalte Luft zum Äquator. Demnach müßte bei uns der Wind immer von Norden nach Süden wehen. Aber das tut er nicht; denn er wird von der Umdrehung der Erde nach rechts abgelenkt.
Der Wind weht auf der Nordhalbkugel meistens von Westen nach Osten. Ein Flugzeug, das von Westen nach Osten fliegt, fliegt mit dem Wind. Deshalb ist es schneller als ein Flugzeug, das in die umgekehrte Richtung fliegt.

1. Ist ein Flugzeug, das von Deutschland in die USA fliegt, schneller oder langsamer als das Gegenflugzeug? Schau im Atlas nach!

   ____

   ____

Viele Winde haben Namen. Manchmal sind sie nach ihrer Herkunft, manchmal nach ihren Merkmalen benannt. Auf dieser Karte sind einige eingezeichnet.

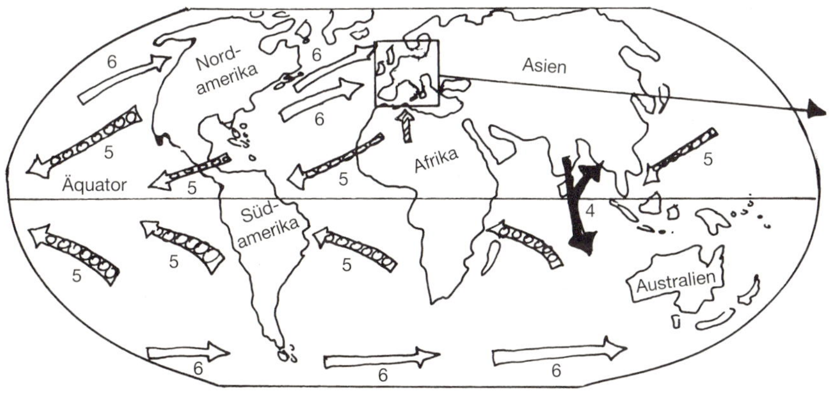

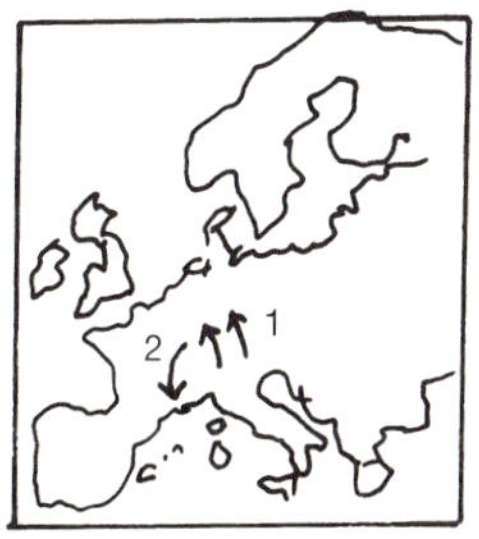

Europa

2. Leider sind die Namen der Winde falsch herum geschrieben. Wie heißen sie richtig?

   Ein warmer Wind in den Alpen heißt **NHÖF** (1) ______________.

   Ein kalter trockener Wind in Südfrankreich heißt **LARTSIM** (2) ______________.

   Ein warmer Wind, der von der Wüste Sahara in Afrika bis nach Europa weht, heißt **OKKORIHCS** (3) ______________.

   Ein lebenswichtiger Wind in Asien ist der **NUSNOM** (4) ______________.
   Er wechselt jedes halbe Jahr seine Richtung und bringt den wichtigen Regen.

   Sehr beständige Winde sind die **EDNIWTASSAP** (5) ______________.

   und die **EDNIWTSEW** (6) ______________.

   Sie waren früher für die großen Segelschiffe sehr wichtig.

21. Winde · Kontrollblatt

Wenn die Sonne die Atmosphäre (= die Lufthülle, die die Erde umgibt) aufwärmt, entstehen Winde. **Wind ist Luft, die sich bewegt.**

Vom Äquator strömt warme Luft zu den Polen, von den Polen strömt kalte Luft zum Äquator. Demnach müßte bei uns der Wind immer von Norden nach Süden wehen. Aber das tut er nicht; denn er wird von der Umdrehung der Erde nach rechts abgelenkt.
Der Wind weht auf der Nordhalbkugel meistens von Westen nach Osten. Ein Flugzeug, das von Westen nach Osten fliegt, fliegt mit dem Wind. Deshalb ist es schneller als ein Flugzeug, das in die umgekehrte Richtung fliegt.

1. Ist ein Flugzeug, das von Deutschland in die USA fliegt, schneller oder langsamer als das Gegenflugzeug? Schau im Atlas nach!
   Das Flugzeug von Deutschland in die USA
   ist langsamer, da es gegen den Wind fliegen muß.

Viele Winde haben Namen. Manchmal sind sie nach ihrer Herkunft, manchmal nach ihren Merkmalen benannt. Auf dieser Karte sind einige eingezeichnet.

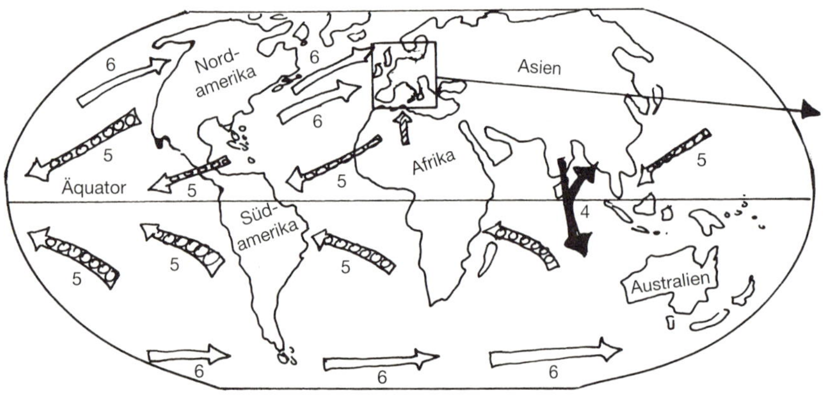

Europa

2. Leider sind die Namen der Winde falsch herum geschrieben. Wie heißen sie richtig?
   Ein warmer Wind in den Alpen heißt **NHÖF** (1) *FÖHN*.
   Ein kalter trockener Wind in Südfrankreich heißt **LARTSIM** (2) *MISTRAL*.
   Ein warmer Wind, der von der Wüste Sahara in Afrika bis nach Europa weht, heißt **OKKORIHCS** (3) *SCHIROKKO*.
   Ein lebenswichtiger Wind in Asien ist der **NUSNOM** (4) *MONSUN*.
   Er wechselt jedes halbe Jahr seine Richtung und bringt den wichtigen Regen.
   Sehr beständige Winde sind die **EDNIWTASSAP** (5) *PASSATWINDE*.
   und die **EDNIWTSEW** (6) *WESTWINDE*.
   Sie waren früher für die großen Segelschiffe sehr wichtig.

22. Stürme

Winde können sehr sanft wehen. Sie können aber auch sehr stürmisch sein. Im **Frühjahr** und im **Herbst** entstehen in den tropischen Meeren oft **Wirbelstürme**. Sie entstehen, wenn kalte und warme Luft aufeinanderprallen und sich die warme Luft unter die kalte schiebt. Wenn dann ein kühler Seitenwind dagegenweht, beginnt die Luft, sich zu drehen. Sie dreht sich immer schneller und schneller, wie eine Eisschuhläuferin.
Im Inneren des Wirbelsturmes rasen die Winde mit einer Geschwindigkeit von 100 bis 600 km pro Stunde. Direkt **im Mittelpunkt** jedoch herrscht **absolute Stille**.
Dieser Mittelpunkt kann bis zu 50 km groß sein. Er ist das **„Auge“** des Wirbelsturms.

Hier auf der Karte findest du die Namen der Stürme. Sie heißen in den einzelnen Ozeanen verschieden. Ergänze unten die fehlenden Wörter!

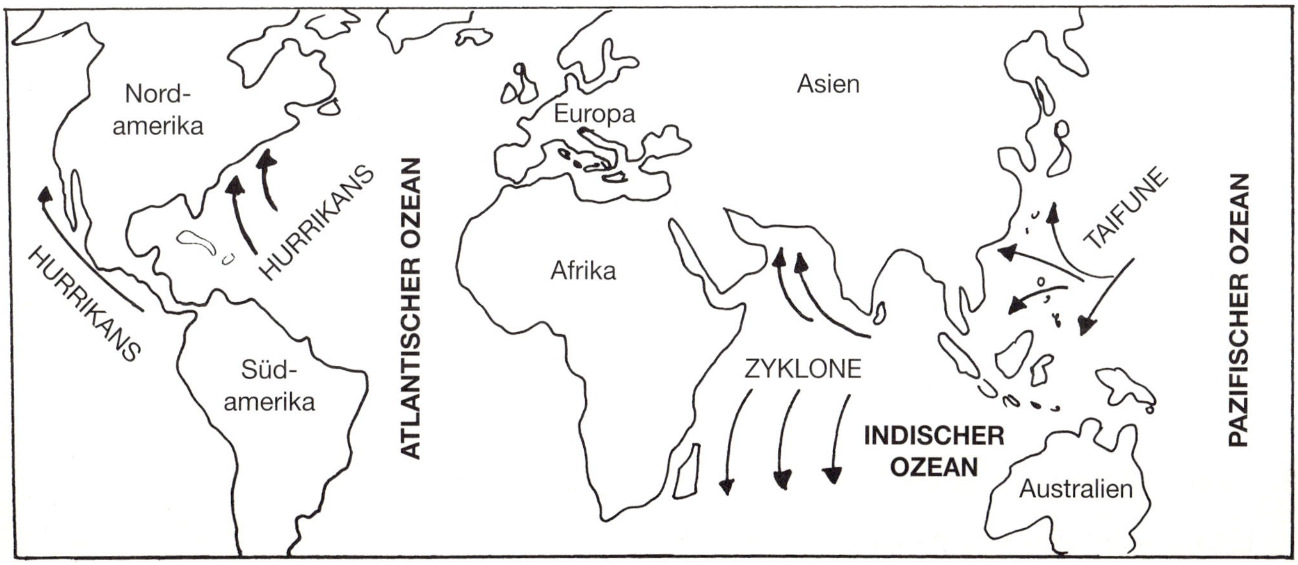

1. Die Stürme im A________________ O__________ heißen ______________.

2. Die Stürme im I________________ O__________ heißen ______________.

3. Die Stürme im P________________ O__________ heißen ______________.

   Vor der amerikanischen Küste nennt man sie jedoch ebenfalls H________________.

Diese Stürme reißen alles nieder, was ihnen im Weg steht. Sie lassen Wellen von mehr als 50 m entstehen. An den Küsten wirbeln die Stürme Häuser, Schiffe und ganze Züge durch die Luft und zerschmettern sie. Über dem Festland verlieren sie aber bald ihre Kraft.

22. Stürme · Kontrollblatt

Winde können sehr sanft wehen. Sie können aber auch sehr stürmisch sein. Im **Frühjahr** und im **Herbst** entstehen in den tropischen Meeren oft **Wirbelstürme**. Sie entstehen, wenn kalte und warme Luft aufeinanderprallen und sich die warme Luft unter die kalte schiebt. Wenn dann ein kühler Seitenwind dagegenweht, beginnt die Luft, sich zu drehen. Sie dreht sich immer schneller und schneller, wie eine Eisschuhläuferin.
Im Inneren des Wirbelsturmes rasen die Winde mit einer Geschwindigkeit von 100 bis 600 km pro Stunde. Direkt **im Mittelpunkt** jedoch herrscht **absolute Stille**.
Dieser Mittelpunkt kann bis zu 50 km groß sein. Er ist das **„Auge"** des Wirbelsturms.

Hier auf der Karte findest du die Namen der Stürme. Sie heißen in den einzelnen Ozeanen verschieden. Ergänze unten die fehlenden Wörter!

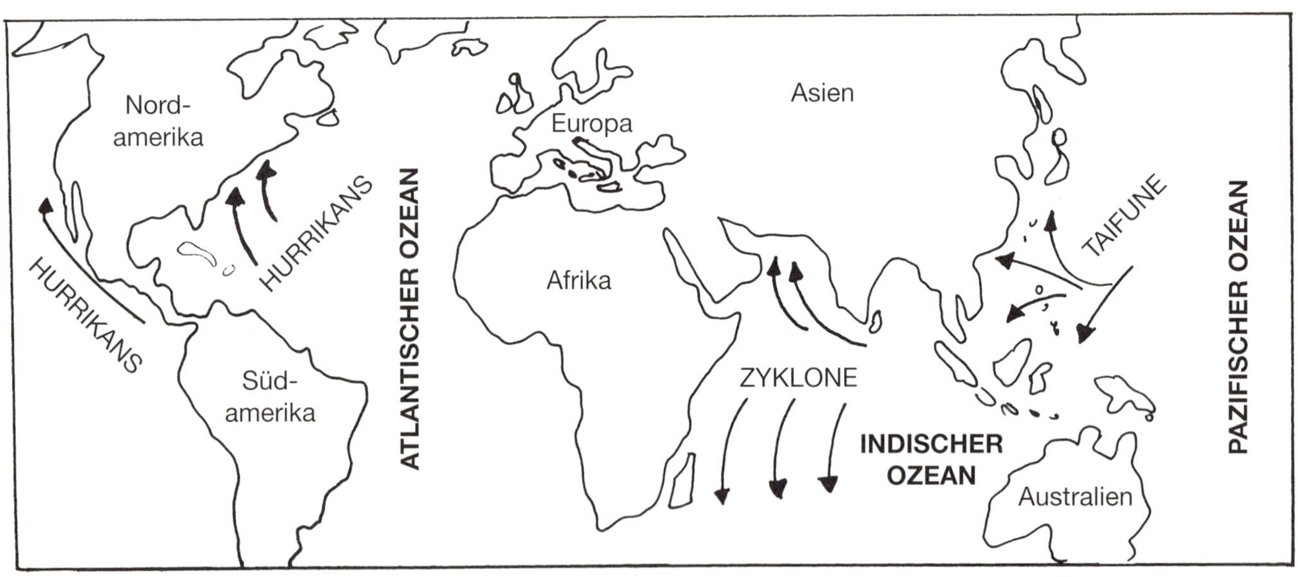

1. Die Stürme im *Atlantischen* *Ozean* heißen *Hurrikans*.

2. Die Stürme im *Indischen* *Ozean* heißen *Zyklone*.

3. Die Stürme im *Pazifischen* *Ozean* heißen *Taifune*.

   Vor der amerikanischen Küste nennt man sie jedoch ebenfalls *Hurrikans*.

Diese Stürme reißen alles nieder, was ihnen im Weg steht. Sie lassen Wellen von mehr als 50 m entstehen. An den Küsten wirbeln die Stürme Häuser, Schiffe und ganze Züge durch die Luft und zerschmettern sie. Über dem Festland verlieren sie aber bald ihre Kraft.

23. Die Windstärke

1805 fand der britische General Beaufort eine Meßskala, die den Wind nach seiner Geschwindigkeit in die Stärken 0–12 einteilt. Je stärker der Wind, desto höher die Zahl. Nun kannst du sicher die folgenden Beispiele einander richtig zuordnen. Verbinde!

Windstärke	Bezeichnung	Geschwindigkeit	Beschreibung
a) 0	steifer Wind	50 bis 61 km	schwere Verwüstungen
b) 3	Orkan	12 bis 19 km	Rauch steigt gerade empor.
c) 7	schwache Brise	mehr als 100 km	Es ist schwierig, gegen den Wind zu gehen. Bäume biegen sich.
d) 12	kein Wind	0 bis 1 km	Blätter und dünne Zweige bewegen sich.

Schreibe die Tabelle richtig auf!

Windstärke	Bezeichnung	Geschwindigkeit	Beschreibung

23. Die Windstärke · Kontrollblatt

1805 fand der britische General Beaufort eine Meßskala, die den Wind nach seiner Geschwindigkeit in die Stärken 0–12 einteilt. Je stärker der Wind, desto höher die Zahl. Nun kannst du sicher die folgenden Beispiele einander richtig zuordnen. Verbinde!

Windstärke	Bezeichnung	Geschwindigkeit	Beschreibung
a) 0	steifer Wind	50 bis 61 km	schwere Verwüstungen
b) 3	Orkan	12 bis 19 km	Rauch steigt gerade empor.
c) 7	schwache Brise	mehr als 100 km	Es ist schwierig, gegen den Wind zu gehen. Bäume biegen sich.
d) 12	kein Wind	0 bis 1 km	Blätter und dünne Zweige bewegen sich.

Schreibe die Tabelle richtig auf!

Windstärke	Bezeichnung	Geschwindigkeit	Beschreibung
0	*kein Wind*	*0 bis 1 km*	*Rauch steigt gerade empor.*
3	*schwache Brise*	*12 bis 19 km*	*Blätter und dünne Zweige bewegen sich.*
7	*steifer Wind*	*50 bis 61 km*	*Es ist schwierig, gegen den Wind zu gehen. Bäume biegen sich.*
12	*Orkan*	*mehr als 100 km*	*schwere Verwüstungen*

24. „Windige“ Bastelei

Schon vor Jahrhunderten haben sich die Menschen die Kraft des Windes zunutze gemacht.
Sie ließen ihre Mühlen vom Wind antreiben und ihre Segelschiffe über die Meere „schieben“.

Nachdem man in den letzten Jahrzehnten auf die Hilfe des Windes verzichtet hatte, besinnt man sich seit einigen Jahren wieder darauf. Man versucht, ihn z. B. zur Stromerzeugung zu nutzen.

Auf vielen Häusern sieht man wunderschöne Wetterfahnen, die den Leuten sagen, aus welcher Richtung der Wind kommt. Sie drehen sich immer in die Richtung, aus der der Wind weht, wie z. B. der Kirchturmhahn. Vielleicht hast du Lust, auch so eine Wetterfahne zu basteln.

Was du brauchst:

Zwei dünne Metallfolien (15 x 20 cm), drei Garnrollen, einen runden Holzstab, der in die Garnrolle paßt, Klebstoff, Bleistift und Schere.

Was du tun mußt:

1. Schneide einen Kreis aus der Metallfolie (Durchmesser 14 cm oder größer)!
2. Teile den Kreis in vier gleiche Abschnitte und kennzeichne Norden, Osten, Süden, Westen!
3. Schneide aus der übrigen Metallfolie einen Pfeil, dessen hinterer Teil sehr groß ist!
4. Klebe zwei Garnrollen aufeinander, darauf den Metallkreis und darauf die dritte Garnrolle!
5. Stecke den Holzstab mit dem daran festgeklebten Pfeil in diese Garnrolle!
6. Das alles kannst du nun auf einen Zaunpfahl kleben oder mit Hilfe eines zweiten Rundholzes in ein Blumenbeet stecken. Es sollte möglichst eine windige Stelle sein.

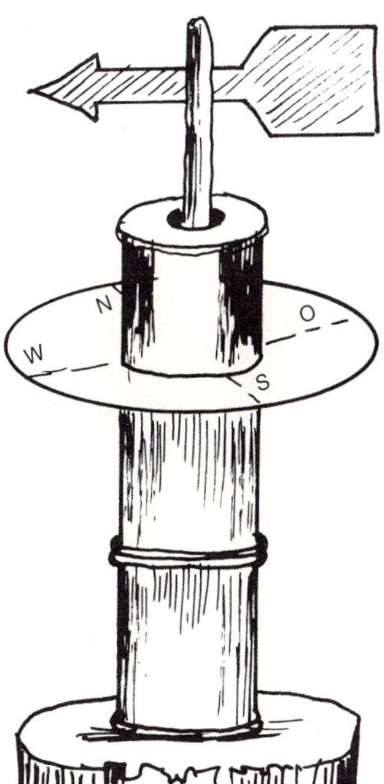

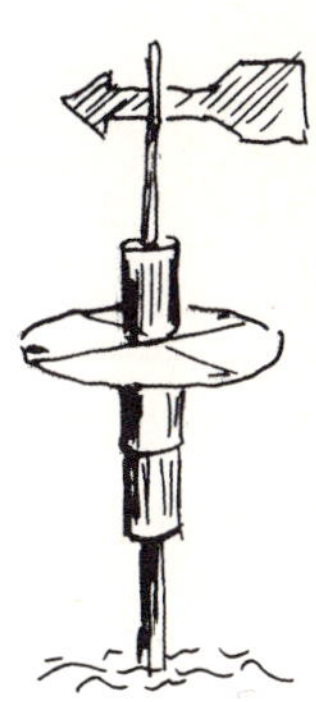

Suche in der Bücherei nach weiteren Bastelanleitungen! Es gibt viele verschiedene Möglichkeiten, eine Wetterfahne herzustellen.

25. Der Regenbogen – eine ungewöhnliche Erscheinung

Wenn Sonnenstrahlen durch feine Wassertröpfchen fallen, werden sie „gebrochen“. Das heißt, sie werden in sechs Farben zerlegt: **rot (oben), gelb, grün, blau, violett (unten).** Diese Farben sind immer im Sonnenlicht enthalten. Wir sehen sie sonst nur nicht.

Einen Regenbogen siehst du nur, wenn du mit dem Rücken zur Sonne stehst. Steht die Sonne tief am Himmel, bildet er einen flachen Halbkreis, steht sie hoch, siehst du einen hohen Bogen.

Ganz selten stehen zwei Regenbogen übereinander. Beim zweiten Bogen ist die Reihenfolge der Farben genau umgekehrt.

1. Male den Regenbogen an!

2. Mit Hilfe eines Wasserschlauches kannst du selbst einen Regenbogen herstellen.

   Stell dich mit dem Rücken zur Sonne! Die Sonne sollte ziemlich tief stehen. Drehe das Wasser kräftig auf! Lege den Daumen so auf das Schlauchende, daß das Wasser in viele kleine Tröpfchen zerlegt wird.

26. Bauernregeln

Schon in früheren Jahrhunderten haben die Menschen das Wetter sorgfältig beobachtet. Sie gaben auf die Pflanzen, Tiere und die verschiedenen Wettererscheinungen acht.
Für die Seeleute und Bauern war es schon immer wichtig zu wissen, wie das Wetter wird. Ihre Beobachtungen haben sie in kurzen Merksätzen, den **Bauernregeln,** zusammengefaßt.

1. Hier sind einige Bauernregeln durcheinandergeraten. Kannst du sie wieder richtig zusammensetzen? Verbinde!

Eine Schwalbe macht 	wenig Pilze, wenig Schnee.
Weihnachten im Klee,	regnet es 7 Wochen lang.
Abendrot,	im Sommer heiß.
Viele Pilze, hoher Schnee;	noch keinen Sommer.
Im Winter Schnee,	Gutwetterbot'.
Im Winter Eis,	im Sommer Regen.
Heiße Sommer,	Ostern im Schnee.
Regnet es am Siebenschläfer (27. Juni),	kalte Winter.

2. Schreibe auf, wie sie richtig heißen!

3. Was sagst du zu folgender Wetterregel?

Wenn der Hahn steht auf dem Mist,
ändert sich das Wetter, oder es bleibt, wie es ist.

26. Bauernregeln · Kontrollblatt

Schon in früheren Jahrhunderten haben die Menschen das Wetter sorgfältig beobachtet. Sie gaben auf die Pflanzen, Tiere und die verschiedenen Wettererscheinungen acht.
Für die Seeleute und Bauern war es schon immer wichtig zu wissen, wie das Wetter wird. Ihre Beobachtungen haben sie in kurzen Merksätzen, den **Bauernregeln,** zusammengefaßt.

1. Hier sind einige Bauernregeln durcheinandergeraten. Kannst du sie wieder richtig zusammensetzen? Verbinde!

Eine Schwalbe macht	wenig Pilze, wenig Schnee.
Weihnachten im Klee,	regnet es 7 Wochen lang.
Abendrot,	im Sommer heiß.
Viele Pilze, hoher Schnee;	noch keinen Sommer.
Im Winter Schnee,	Gutwetterbot'.
Im Winter Eis,	im Sommer Regen.
Heiße Sommer,	Ostern im Schnee.
Regnet es am Siebenschläfer (27. Juni),	kalte Winter.

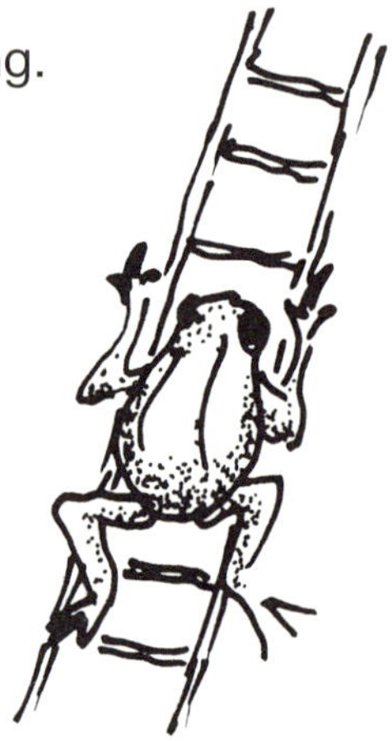

2. Schreibe auf, wie sie richtig heißen!

Eine Schwalbe macht noch keinen Sommer.

Weihnachten im Klee, Ostern im Schnee.

Abendrot, Gutwetterbot'.

Viele Pilze, hoher Schnee; wenig Pilze, wenig Schnee.

Im Winter Schnee, im Sommer Regen.

Im Winter Eis, im Sommer heiß.

Heiße Sommer, kalte Winter.

Regnet es am Siebenschläfer (27. Juni), regnet es 7 Wochen lang.

3. Was sagst du zu folgender Wetterregel?

Wenn der Hahn steht auf dem Mist,
ändert sich das Wetter, oder es bleibt, wie es ist.

27. Die Wettervorhersage

Auch heute beruhen genaue Wettervorhersagen auf gute Beobachtungen und Aufzeichnungen des Wetters. Mit Hilfe von Spezialgeräten und Satelliten beobachten und messen die Wissenschaftler die einzelnen Wettererscheinungen.

1. Wie diese Wissenschaftler heißen, verrät dir das Rätsel. Gehe dabei vor, wie angegeben ist! Streiche in den einzelnen Antworten die Buchstaben durch! Die übriggebliebenen Buchstaben ergeben das Lösungswort.

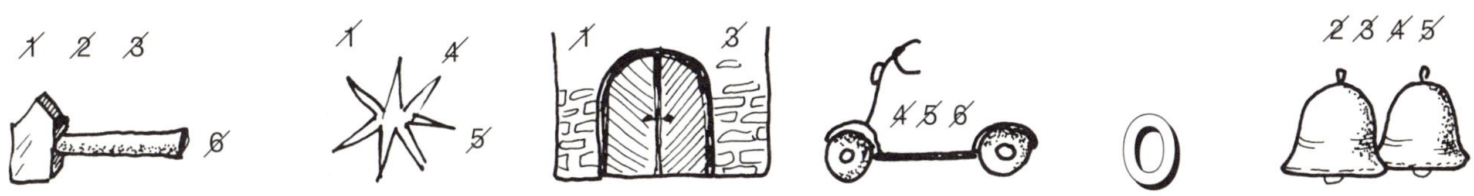

_ _ _ _ _ _   _ _ _ _ _ _   _ _ _   _ _ _ _ _ _   _   _ _ _ _ _ _ _

Sie heißen _ _ _ _ _ _ _ _ _ _ _ _.

Ihre Vorhersagen siehst und hörst du jeden Tag in den Nachrichten. Du kannst sie auch in den Tageszeitungen lesen. Für viele Menschen ist der Wetterbericht sehr wichtig.

2. Schreibe auf, für wen er besonders wichtig ist! Für:

Bau-, Auto-, See-, Pi-, Berg-, -leu-, -fah-, -lo-, -stei-, -ten, -ern, -ger, -te, -rer

____

____

3. Überlege, warum es für diese Leute so wichtig ist! Vielleicht findest du noch mehr Beispiele.

4. Du kannst dir deine eigene Wetterstation machen.

Dazu brauchst du ein Thermometer, einen Luftdruckmesser (Barometer), einen Luftfeuchtigkeitsmesser (Hygrometer), eine Wetterfahne (Seifenblasen oder Windrad genügen auch), Papier und Bleistift, wenn möglich auch einen Windgeschwindigkeitsmesser.

Beobachte das Wetter dreimal am Tag (morgens, mittags und abends)!

Prüfe den Stand der Sonne, die Form und die Farben der Wolken und den Zustand des Himmels (z. B. ob er bedeckt, heiter, klar usw. ist)!

Schreibe deine Beobachtungen in einer Tabelle auf!

27. Die Wettervorhersage · Kontrollblatt

Auch heute beruhen genaue Wettervorhersagen auf gute Beobachtungen und Aufzeichnungen des Wetters. Mit Hilfe von Spezialgeräten und Satelliten beobachten und messen die Wissenschaftler die einzelnen Wettererscheinungen.

1. Wie diese Wissenschaftler heißen, verrät dir das Rätsel. Gehe dabei vor, wie angegeben ist! Streiche in den einzelnen Antworten die Buchstaben durch! Die übriggebliebenen Buchstaben ergeben das Lösungswort.

~~H~~ ~~A~~ ~~M~~ M E ~~R~~   ~~T~~ O ~~R~~   R O L ~~L~~ ~~E~~ ~~R~~   O

~~S~~ T E ~~R~~ ~~N~~   G ~~L~~ ~~O~~ ~~C~~ ~~K~~ E N

Sie heißen *M E T E O R O L O G E N*.

Ihre Vorhersagen siehst und hörst du jeden Tag in den Nachrichten. Du kannst sie auch in den Tageszeitungen lesen. Für viele Menschen ist der Wetterbericht sehr wichtig.

2. Schreibe auf, für wen er besonders wichtig ist! Für:

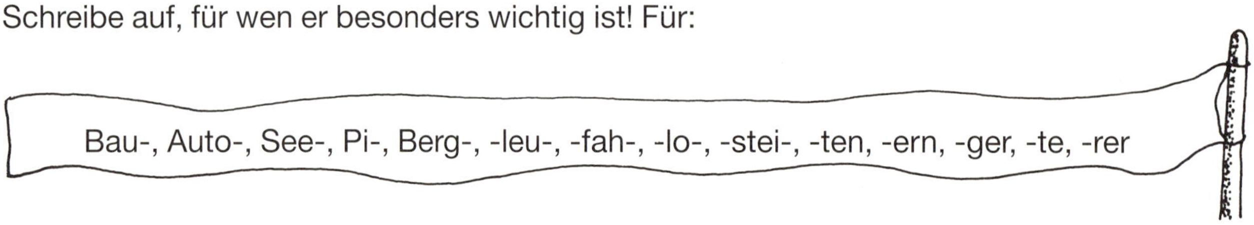

Bauern, Autofahrer, Seeleute, Piloten, Bergsteiger

3. Überlege, warum es für diese Leute so wichtig ist! Vielleicht findest du noch mehr Beispiele.

4. Du kannst dir deine eigene Wetterstation machen.

Dazu brauchst du ein Thermometer, einen Luftdruckmesser (Barometer), einen Luftfeuchtigkeitsmesser (Hygrometer), eine Wetterfahne (Seifenblasen oder Windrad genügen auch), Papier und Bleistift, wenn möglich auch einen Windgeschwindigkeitsmesser.

Beobachte das Wetter dreimal am Tag (morgens, mittags und abends)!

Prüfe den Stand der Sonne, die Form und die Farben der Wolken und den Zustand des Himmels (z. B. ob er bedeckt, heiter, klar usw. ist)!

Schreibe deine Beobachtungen in einer Tabelle auf!

28. Wetterkarten

Hier siehst du eine Wetterkarte, wie du sie im Fernsehen oder in der Tageszeitung findest.

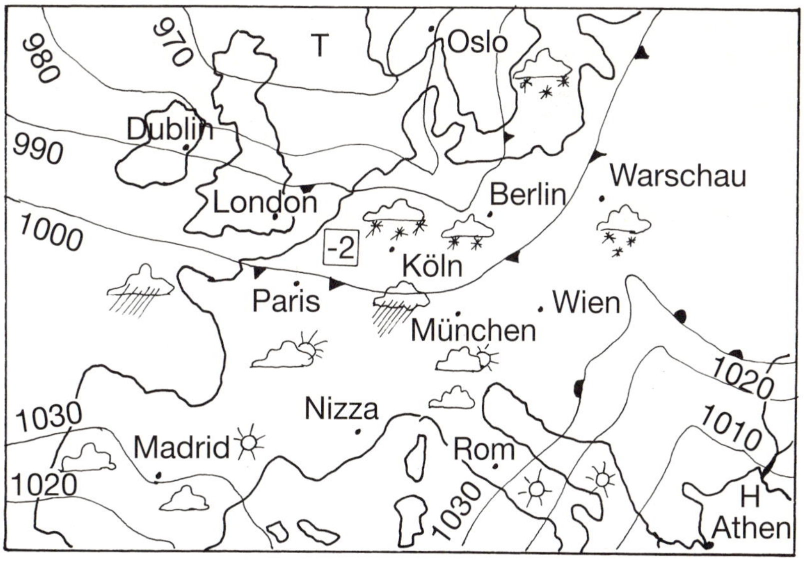

Die Zeichenerklärungen helfen dir, solche Karten und die folgenden Begriffe zu verstehen:

Warmfront Kaltfront kalte Luft warme Luft

1. Die folgenden Zeichen kannst du sicher alleine erkennen.
   Verbinde, was zusammengehört!

Hoch

H

Schnee

Wolken

5

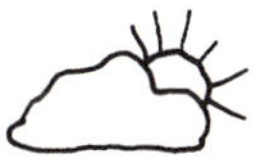

Temperaturen

Sonnenschein

Nebel

Regen

Tief

teils wolkig, teils sonnig

T

==

Gewitter

2. Weißt du noch den Namen für die Luftdrucklinien? Sie heißen _ _ _ _ _ _ _.

3. Schau noch einmal oben auf die Wetterkarte! Wie wird das Wetter in Deutschland?

____

____

28. Wetterkarten · Kontrollblatt

Hier siehst du eine Wetterkarte, wie du sie im Fernsehen oder in der Tageszeitung findest.

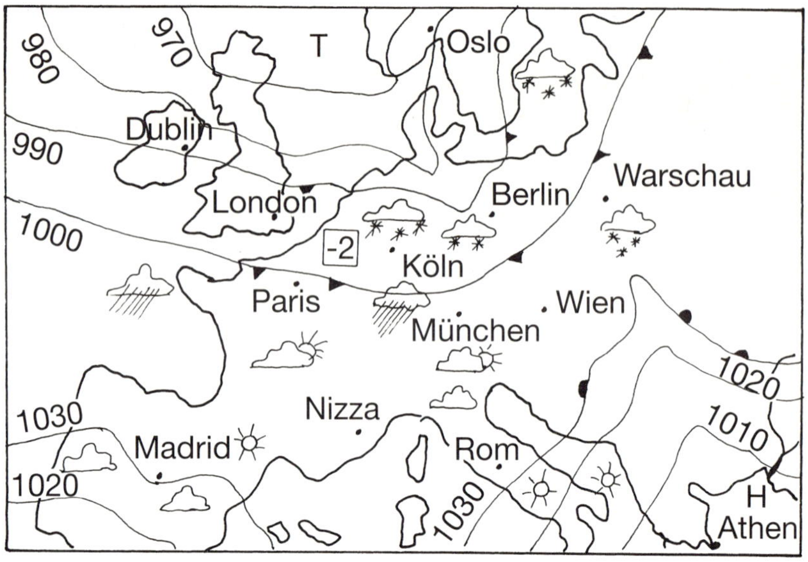

Die Zeichenerklärungen helfen dir, solche Karten und die folgenden Begriffe zu verstehen:

Warmfront Kaltfront kalte Luft warme Luft

1. Die folgenden Zeichen kannst du sicher alleine erkennen.
   Verbinde, was zusammengehört!

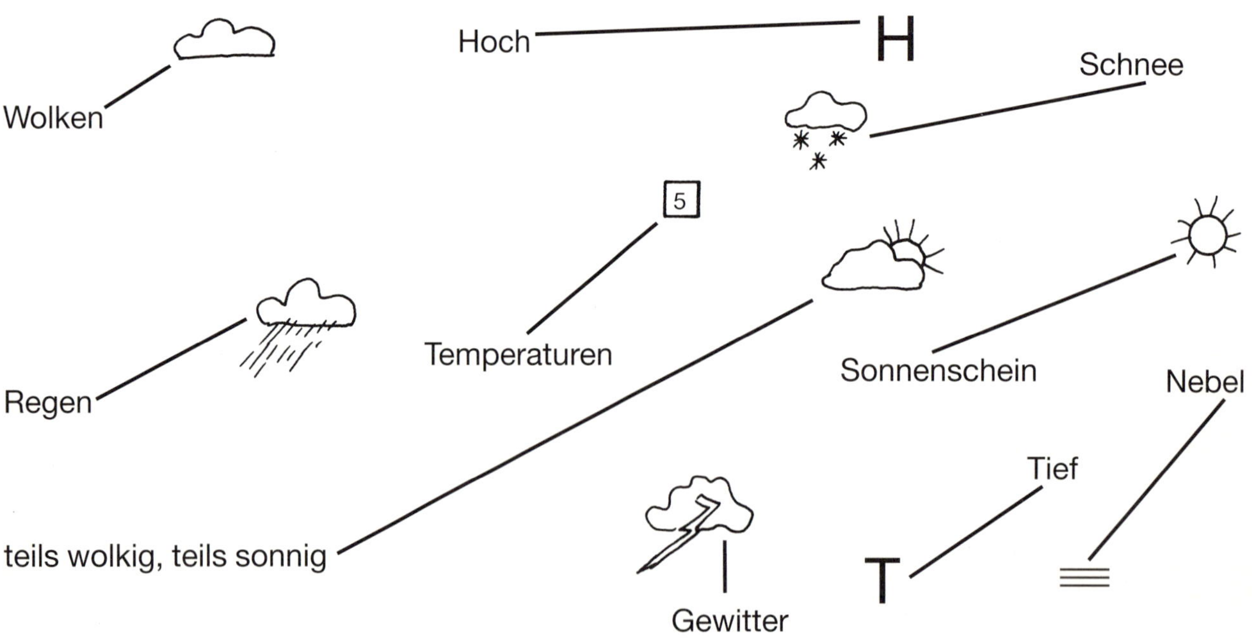

2. Weißt du noch den Namen für die Luftdrucklinien? Sie heißen *I S O B A R E*.

3. Schau noch einmal oben auf die Wetterkarte! Wie wird das Wetter in Deutschland?

   Im Norden Schneefall, im mittleren Teil Regen, im Süden teils wolkig, teils sonnig.

29. Das Wetter verändert die Erde

1. Ergänze die fehlenden Verben (Tätigkeitswörter)!

Wasser, Wind und Sonne ____________________ die Erdoberfläche. Erhöhungen werden ganz langsam ____________________. Sonne und Eis ____________________ Felsen. Flüsse und Gletscher ____________________ tiefe Furchen in den Erdboden und ____________________ Geröll mit sich fort. Wellen ____________________ Gestein an den Küsten. Der Wind ____________________ Erdkrumen und Sand davon.

2. Klebe oder zeichne hier Bilder auf von Küsten, Dünen, kahlen Felsen, tiefen Flußtälern usw!

Täglich ändert sich so das Aussehen der Erde. Allerdings so langsam, daß die Veränderungen nicht sofort auffallen. Sichtbar werden sie nur nach Naturkatastrophen wie Vulkanausbrüchen oder tagelangen Regenfällen mit Erdrutschen oder als Ergebnis der Einflüsse von Wind und Wasser nach Jahrzehnten und Jahrtausenden wie z. B. die kahlen Felsen der Alpen oder der tiefe Einschnitt des mittleren Rheines.

29. Das Wetter verändert die Erde · Kontrollblatt

1. Ergänze die fehlenden Verben (Tätigkeitswörter)!

Wasser, Wind und Sonne *verändern* die Erdoberfläche. Erhöhungen werden ganz langsam *abgetragen*. Sonne und Eis *spalten* Felsen. Flüsse und Gletscher *graben* tiefe Furchen in den Erdboden und *tragen* Geröll mit sich fort. Wellen *zerschlagen* Gestein an den Küsten. Der Wind *bläst* Erdkrumen und Sand davon.

2. Klebe oder zeichne hier Bilder auf von Küsten, Dünen, kahlen Felsen, tiefen Flußtälern usw!

Täglich ändert sich so das Aussehen der Erde. Allerdings so langsam, daß die Veränderungen nicht sofort auffallen. Sichtbar werden sie nur nach Naturkatastrophen wie Vulkanausbrüchen oder tagelangen Regenfällen mit Erdrutschen oder als Ergebnis der Einflüsse von Wind und Wasser nach Jahrzehnten und Jahrtausenden wie z. B. die kahlen Felsen der Alpen oder der tiefe Einschnitt des mittleren Rheines.

30. Der Mensch verändert das Klima

1. Fülle die Lücken in diesem Text!

Erwärmung, Klima, Meeresspiegel, Käseglocke, Verbrennen, abgeholzt

Es wird immer wärmer.

Schon oft hat sich das K_______________ der Erde geändert. Vor vielen tausend Jahren gab es hier riesige Urwälder. Sie gingen unter, und aus ihnen entstand die Steinkohle. Später gab es eine Eiszeit. Meterhohe Eisschichten bedeckten unser Land.

Heute bahnt sich wieder eine Veränderung an – eine E_______________________. Es scheint der Mensch zu sein, der diese Veränderungen bewirkt. Durch das ständige V____________________ von Holz, Kohle, Öl und Benzin entsteht viel Kohlendioxyd. Dieses Gas legt sich wie eine K______________________ um die Erde. Es hält die Wärme fest.

Wenn sich die Erde weiterhin so erwärmt, wird das Eis an den Polen schmelzen. Dann steigt der M________________________. Die Städte Hamburg, London, ja sogar große Teile von Holland stehen dann bald unter Wasser.

Überall auf der Erde werden die riesigen Urwälder ______________________. Dadurch wird der Wasserkreislauf unterbrochen. Denn es gibt immer weniger Bäume, die Wasser verdunsten. An ihre Stelle tritt die Wüste.

Die Luft macht krank.

Die vielen Abgase und Schadstoffe der großen Fabriken verschmutzen die Luft und machen den Regen sauer. Das wiederum schädigt die Gewässer, die Pflanzen und alle anderen Lebewesen.

2. Diese Probleme gehen uns alle an, denn es ist **unsere** Welt. Diskutiere darüber mit deinen Freunden/Freundinnen und deiner Familie! Sammle aus Fernsehen und den Tageszeitungen Berichte dazu! Klebe die Zeitungsartikel zu diesem Thema in dein Wetterbuch!

30. Der Mensch verändert das Klima · Kontrollblatt

1. Fülle die Lücken in diesem Text!

Erwärmung, Klima, Meeresspiegel, Käseglocke, Verbrennen, abgeholzt

Es wird immer wärmer.

Schon oft hat sich das *Klima* der Erde geändert. Vor vielen tausend Jahren gab es hier riesige Urwälder. Sie gingen unter, und aus ihnen entstand die Steinkohle. Später gab es eine Eiszeit. Meterhohe Eisschichten bedeckten unser Land.

Heute bahnt sich wieder eine Veränderung an – eine *Erwärmung*. Es scheint der Mensch zu sein, der diese Veränderungen bewirkt. Durch das ständige *Verbrennen* von Holz, Kohle, Öl und Benzin entsteht viel Kohlendioxyd. Dieses Gas legt sich wie eine *Käseglocke* um die Erde. Es hält die Wärme fest.

Wenn sich die Erde weiterhin so erwärmt, wird das Eis an den Polen schmelzen. Dann steigt der *Meeresspiegel*. Die Städte Hamburg, London, ja sogar große Teile von Holland stehen dann bald unter Wasser.

Überall auf der Erde werden die riesigen Urwälder *abgeholzt*. Dadurch wird der Wasserkreislauf unterbrochen. Denn es gibt immer weniger Bäume, die Wasser verdunsten. An ihre Stelle tritt die Wüste.

Die Luft macht krank.

Die vielen Abgase und Schadstoffe der großen Fabriken verschmutzen die Luft und machen den Regen sauer. Das wiederum schädigt die Gewässer, die Pflanzen und alle anderen Lebewesen.

2. Diese Probleme gehen uns alle an, denn es ist **unsere** Welt. Diskutiere darüber mit deinen Freunden/Freundinnen und deiner Familie! Sammle aus Fernsehen und den Tageszeitungen Berichte dazu! Klebe die Zeitungsartikel zu diesem Thema in dein Wetterbuch!

31. Riesenkreuzworträtsel

1 Man sieht ihn manchmal nach dem Regen.

2 Wir atmen sie ein.

3 Für ihn ist der Wetterbericht wichtig.

4 Sie entstehen meistens im Sommer, wenn es warm und feucht ist.

5 Einer der drei großen Wettermacher

6 Name für Stürme im Indischen Ozean

7 Niedriger Luftdruck

8 Gefrorene Regentropfen, die in einer Wolke herumgewirbelt wurden

9 Hier in unserem Gebiet haben wir ein gemäßigtes …

10 Lautes Geräusch bei Gewitter

11 Luftfeuchtigkeitsmesser

12 Gefährliche Wolkenbildung am Boden

13 Der Wind weht ihn gern vom Kopf.

14 Schadstoff aus Auspuffrohren und Schornsteinen

15 Warmer Wind auf der Nordseite der Alpen (ö = oe)

16 Der meiste Regen fällt in den Regenwäldern und auf dem …

17 Hoher Luftdruck

18 Heller Funke bei Gewitter

19 Ohne sie wäre kein Leben auf der Erde möglich.

20 Es entsteht, wenn Wasser gefriert.

21 Großer Meeresstrom, der unser Klima mitbestimmt.

22 Häufigste Niederschlagsform

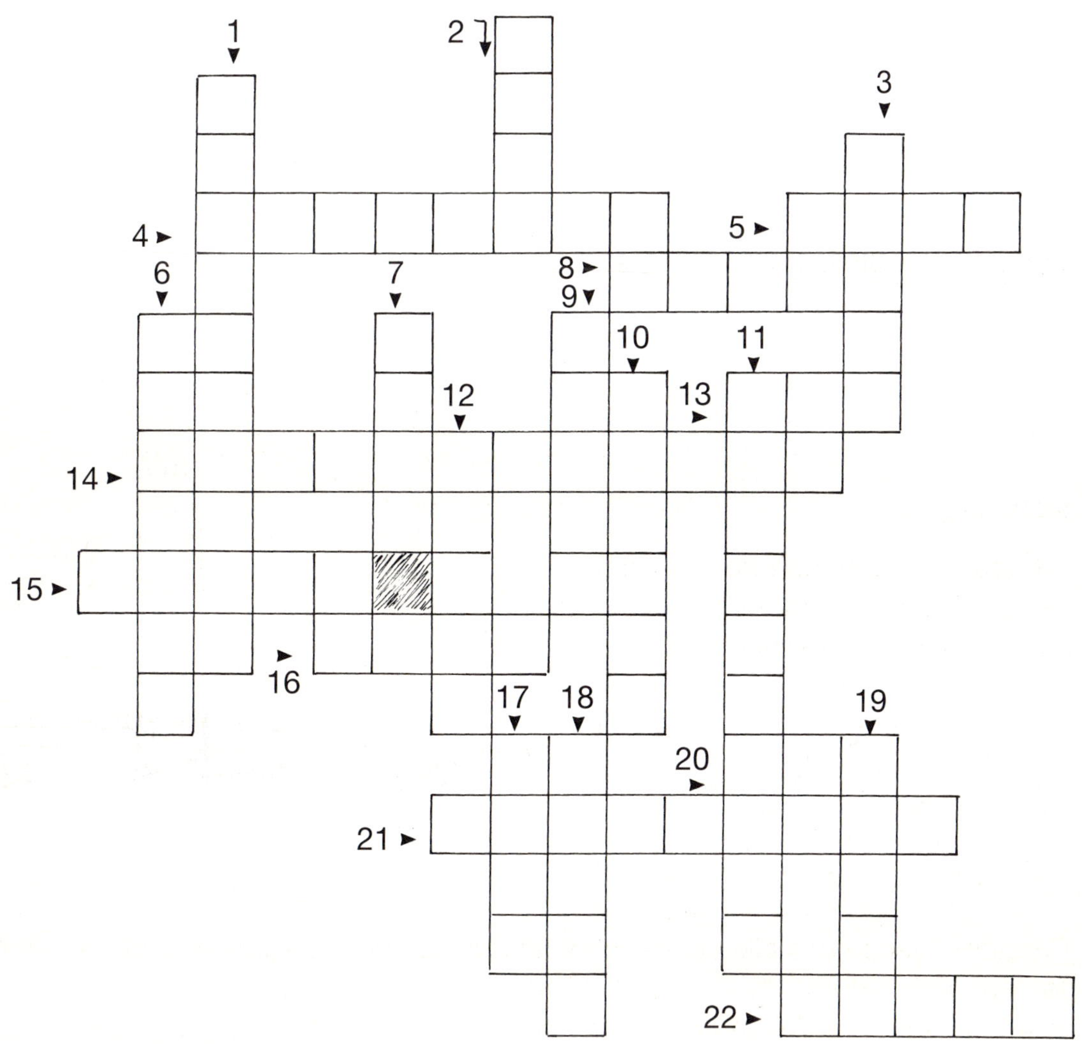

31. Riesenkreuzworträtsel · Kontrollblatt

1 Man sieht ihn manchmal nach dem Regen.
2 Wir atmen sie ein.
3 Für ihn ist der Wetterbericht wichtig.
4 Sie entstehen meistens im Sommer, wenn es warm und feucht ist.
5 Einer der drei großen Wettermacher
6 Name für Stürme im Indischen Ozean
7 Niedriger Luftdruck
8 Gefrorene Regentropfen, die in einer Wolke herumgewirbelt wurden
9 Hier in unserem Gebiet haben wir ein gemäßigtes …
10 Lautes Geräusch bei Gewitter
11 Luftfeuchtigkeitsmesser
12 Gefährliche Wolkenbildung am Boden
13 Der Wind weht ihn gern vom Kopf.
14 Schadstoff aus Auspuffrohren und Schornsteinen
15 Warmer Wind auf der Nordseite der Alpen (ö = oe)
16 Der meiste Regen fällt in den Regenwäldern und auf dem …
17 Hoher Luftdruck
18 Heller Funke bei Gewitter
19 Ohne sie wäre kein Leben auf der Erde möglich.
20 Es entsteht, wenn Wasser gefriert.
21 Großer Meeresstrom, der unser Klima mitbestimmt.
22 Häufigste Niederschlagsform

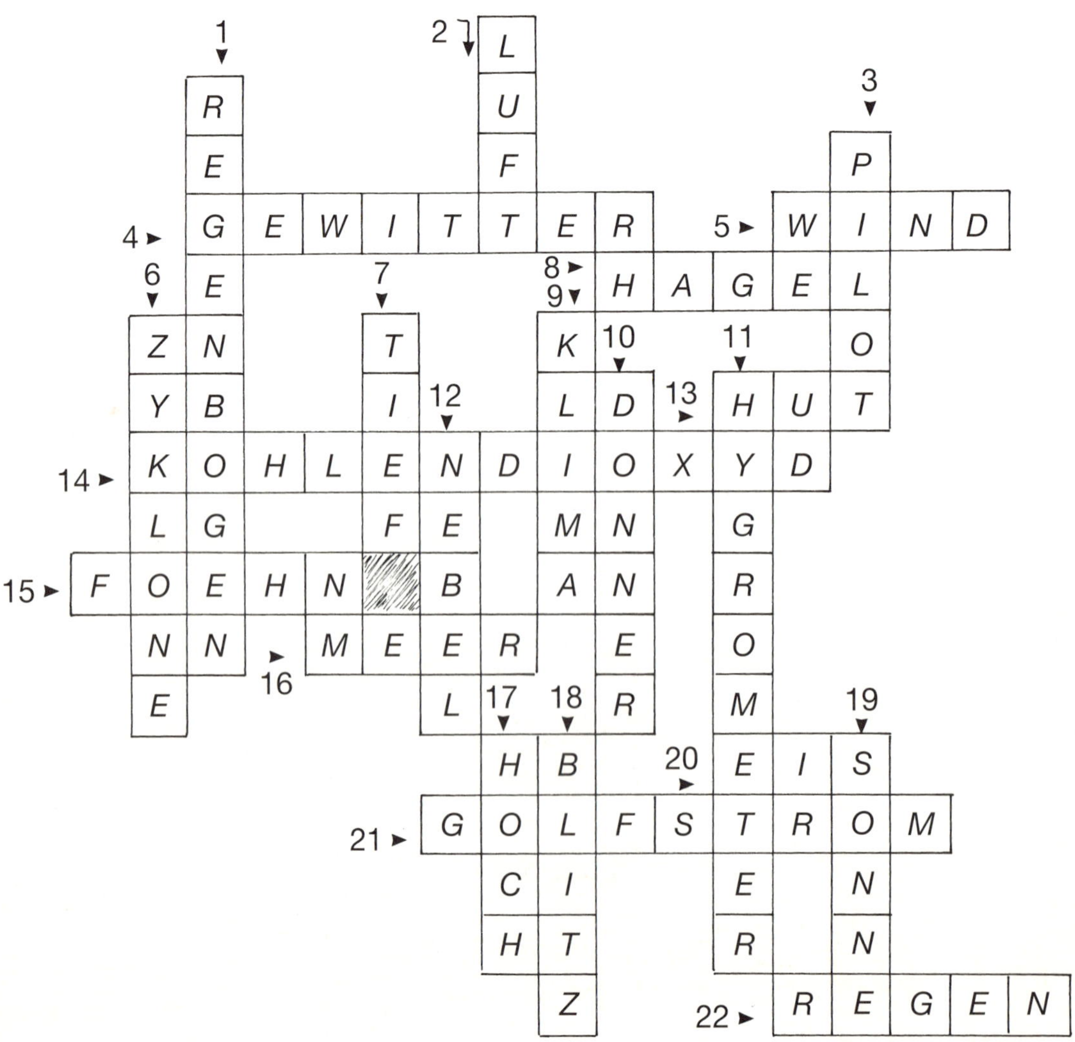

Weiterführende Literatur

Bonsall, George: Das Wetter. Reihe: Was ist was? Bd. 7. Verlag Tessloff.

Buchberger, Dietmar: Wenn Luft und Wetter krank machen. Gefahren durch Wetter, Strahlen, Smog, Ozonloch … und wie man sich schützt. Verlag Dreisam.

Cosgrove, Brian: Das Wetter. Verstehen, was täglich am Himmel geschieht. Beobachten, Deuten, Vorhersagen. Verlag Gerstenberg.

Farndon, John: Wetter. Entdecken, beobachten, bestimmen und verstehen. Verlag Franckh-Kosmos.

Haën, Wolfgang de: Warum ist das Wetter so? Ravensburger Buchverlag Otto Maier.

Naturereignisse. Verlag Time-Life.

Parker, Steve: Experimente, Tricks und Tips. Wetter. Verlag Südwest.

Taylor, Barbara: Wetter und Klima. Reihe: Schon gewußt? Entdecken und Experimentieren. Verlag Franz Schneider.

Umwelt und Klima. Die Kinder-Enzyklopädie. Reihe: Ich will's wissen. Verlagsgesellschaft Köln.

Veit, Barbara/Wolfrum, Christine: Das Buch vom Klima. Ravensburger Buchverlag Otto Maier.

Verdet, Jean P.: Wind und Wetter. Ravensburger Buchverlag Otto Maier.

Wilson, Francis/Mansfield, Felicity: Wir entdecken und bestimmen das Wetter. Ravensburger Buchverlag Otto Maier.

Wyatt, Valerie: Potzblitz, staunt der Wetterfrosch. Arena Verlag.